新版失效模式及影响分析(FMEA)实施指南

王继武◎著

中国铁道出版社有限公司
CHINA RAILWAY PUBLISHING HOUSE CO., LTD.

图书在版编目(CIP)数据

新版失效模式及影响分析(FMEA)实施指南/王继武著．—北京：中国铁道出版社有限公司，2022.11

ISBN 978-7-113-29453-3

Ⅰ.①新… Ⅱ.①王… Ⅲ.①失效分析-指南 Ⅳ.①TB114.2-62

中国版本图书馆 CIP 数据核字(2022)第 125579 号

书　　名：新版失效模式及影响分析(FMEA)实施指南

XINBAN SHIXIAO MOSHI JI YINGXIANG FENXI (FMEA) SHISHI ZHINAN

作　　者：王继武

责任编辑：王　佩　　**编辑部电话：**(010)51873022　　**邮箱：**505733396@qq.com

封面设计：仙　境

责任校对：焦桂荣

责任印制：赵星辰

出版发行：中国铁道出版社有限公司(100054，北京市西城区右安门西街 8 号)

印　　刷：三河市兴博印务有限公司

版　　次：2022 年 11 月第 1 版　2022 年 11 月第 1 次印刷

开　　本：710 mm×1 000 mm 1/16　**印张：**10　**字数：**196 千

书　　号：ISBN 978-7-113-29453-3

定　　价：79.00 元

前　言

产品质量管理,预防为先

在医学上,预防医学包括为预防疾病而采取的各种措施。疾病受到环境因素、遗传基因、致病原和生活方式的影响,它是一种动态过程,可能在人们察觉到自己受到影响之前即已发生。

预防疾病有许多种方法。比如:建议成年人和儿童,即使在感觉自己身体状况良好的情况下,也要定期做健康检查,以进行疾病筛检;与医生讨论健康及采取平衡生活方式的技巧等。疾病的最初阶段,其治疗难度比较小,治疗成本也比较低。当疾病发展到一定阶段,其治疗难度和成本将显著增加。

质量管理也是一样的道理,事后补救不如事中控制,事中控制不如事前预防。

大部分的产品质量问题都源于设计缺陷和工艺缺陷,质量管理的被动局面则在于对这些过程缺乏有效的管理。

一个零件(原材料)或一个工序就是一个风险项目(Risk Item),它是产品风险管理和工艺风险管理的基本单元。风险项目的策划、设计和实施如果存在瑕疵,其结果最终会在产品上得到体现,即产品出现质量瑕疵。大部分企业把质量管理的重点放在生产环节,而非设计环节,其属性是事后管理。

失效模式及影响分析(Failure Mode and Effect Analysis,简称 FMEA)用严密的逻辑对产品设计方案和工艺方案进行风险评估(其中包括对经验教训的分析总结),进而确定解决问题的优先顺序并提出相应的解决方案。FMEA 强调在产品量产前对其设计或工艺的瑕疵采取措施,属于事前的预防。

很多产品和工艺的核心知识或诀窍并不完全体现在设计和工艺文件中,而是保存在工程师的大脑中,不管是有意还是无意的,这样都会导致组织知识的遗漏。作为质量管理的核心工具,FMEA 能系统化地积累工程师团队的技术和经验,并使之规范化和标准化。这是产品知识管理过程中的一种事前预防。

本书根据美国汽车行业协会和德国汽车行业协会共同发布的最新版AIAG-VDA

FMEA 手册要求,系统地描述 FMEA 的原理、内部逻辑、实施步骤和方法,帮助制造型企业的产品工程师、工艺工程师、质量工程师和制造工程师快速聚焦产品和工艺,深刻理解潜在的产品故障并进行预防,解决产品设计和过程设计可能出现的问题。

本书分为四章:

第一章 FMEA 概述。简要介绍 FMEA 的发展历程、实施利益、成功要素,以及我对 FMEA 应用的见解和实际中存在的一些误解。

第二至三章详细讲解了 PFMEA 的实施。根据 DFMEA 和 PFMEA 实施的七大步骤,详细描述每个步骤的原理、实施要点、案例等,以及我在长期的培训和咨询过程中所积累的独特经验和见解。

第四章介绍了控制计划的编制。控制计划是产品质量管理的核心工具之一,是 DFMEA 和 PFMEA 分析结果的集成与落地措施,其中详细介绍了针对不同类型的工艺过程如何编制控制计划。

这本书的顺利完成,首先要感谢来自全国各地的客户,是他们的支持让我能坚持到今天,也让我从他们身上学到了书本上没有的经验和智慧,对我启发良多,也让我受益匪浅。

其次,要感谢所有的合作伙伴,是他们用辛勤的劳动为我创造了一个施展才华的平台。

当然,还要感谢中国铁道出版社有限公司的大力支持,让本书能顺利出版。

最后,我要感谢我的家人,感谢她们的爱、鼓励和包容,容忍我常年在外地出差,即便在家也花那么多时间坐在电脑面前。

受限于本人的能力和水平,书中不妥之处在所难免,敬请读者批评指正。

王继武

2021 年 11 月 23 日于深圳

目　录

第 1 章

▶ FMEA 基础知识

第 1 节　FMEA 基础知识

失效模式和影响分析是产品和工艺开发中预防性质量管理的一种分析方法。

FMEA 是在产品开发的适当时机对产品和工艺进行风险识别和风险评价，再提出和实施相应的预防措施和探测措施，其目的是改进产品或工艺的设计，避免失败成本(如:产品召回、保修等)。

通过应用 FMEA，产品设计团队对潜在失效的系统分析及将其文件化有助于避免失效情况的发生。FMEA 的早期预防性应用，有助于向市场或消费者推出无缺陷的产品，从而有利于保障企业的长期成功。

FMEA 是国际公认的对产品和工艺进行定性风险分析的通用方法。在汽车行业，它被强制性嵌入到产品开发流程，成为工程师沟通的语言之一。产品图纸是工程师沟通的另一个语言，但产品图纸是针对结果进行沟通，FMEA 是针对设计思路进行沟通。

ISO 9001:2015 和 IATF 16949:2016 等质量管理体系标准中描述了产品风险分析要求。

ISO 9001:2015　8.3.3　设计和开发输入 e. 由产品和服务性质所导致的潜在的失效后果(potential consequences of failure due to the nature of the products and services)

产品和服务的失效分析是首次被引入到 ISO 9001 质量管理体系标准中的，说明产品的风险管理日益被所有行业所重视，成为设计和开发输入要素之一。

IATF 16949:2016 对 FMEA 的要求更多、更全面，具体见表 1-1:

表 1-1　IATF 16949：2016 对 FMEA 的要求

应　　用	IATF 16949:2016 条款	备　　注
FMEA 的编制	8.3.2.1　设计和开发策划-补充 c. FMEAs 的开发和评审，包括降低潜在风险的措施 d. 制造过程风险(如:FMEAs、过程流程图、控制计划和标准作业指导书)的开发和评审	产品和过程风险管理工具的策划
	8.3.3.3　特殊特性 a. 在……风险分析(如 PFMEA)、控制计划、标准作业/操作指导书中将所有特殊特性文件化	产品和过程开发过程中实施 FMEA 分析
	8.3.5.1　设计和开发输出-补充 a. 设计风险分析(DFMEA)	
	8.3.5.2　制造过程设计输出 g. 制造过程 FMEA	返工、返修方法的风险评估
	8.7.1.4　返工产品的控制 ……返工前，利用风险分析(如 FMEA)方法评估返工过程中的风险	
	8.7.1.5　返修产品的控制 ……利用风险分析方法(如 FMEA)评估返修过程	
FMEA 的应用	7.5.3.2.2　工程规范 注:……如控制计划，风险分析(如 FMEAs)	
	8.5.1.1　控制计划 ……编制控制计划，用以表明关联并融入来自设计风险分析、过程流程和制造过程风险分析输出(如 FMEA) g. 影响产品、制造过程、测量、物流、供应来源、产能变更或风险分析(FMEA)的任何变更	
	8.5.6.1.1　过程控制临时变更 ……基于风险分析(如 FMEA)的严重性	高风险的过程控制措施应有替代过程
	9.1.1.1　制造过程的监视和测量 ……应验证过程流程图、PFMEA 和控制计划的实施	
	9.1.1.2　统计工具的确定 ……包括设计风险分析(如 DFMEA)(适当时)和过程风险分析(如 PFMEA)和控制计划	风险评估结果引发统计工具的应用
	10.2.4　防错 ……所采用方法的详细信息应在过程风险分析(如 PFMEA)中形成文件	PFMEA 的输出及落地措施

续表

应　　用	IATF 16949:2016 条款	备　　注
FMEA 的审批	4.4.1.1　产品安全 c. DFMEA 的特殊审批 f. 控制计划和 PFMEA 的特殊审批	客户对 FMEA 的审批要求
持续改进	9.2.2.3　制造过程审核 制造过程审核应包括对 FMEA、控制计划及相应文件实施有效性的评估	
	9.3.2.1　管理评审输入-补充 j. 通过风险分析(如 FMEA)识别潜在现场失效的识别	高层管理参与现场失效的识别
	10.2.3　问题解决 f. 评审和更新相应的过程文件(如 PFMEA、控制计划)	
	10.3.1　组织的持续改进 c. 风险分析(如 FMEA)	
人员能力建设	7.2.3　内审员能力 ……包括过程风险分析(如 PFMEA)和控制计划理解	审核员能力要求
	7.2.4　二方审核员能力 d. ……包括 PFMEA 和控制计划的应用	

由表1-1可知，在产品的设计和制造阶段，FMEA 所扮演角色的重要性。

第2节　FMEA 的发展历史

FMEA 的发展历史可以追溯到70多年前，以下是该方法的重要里程碑：

1944年　洛克希德公司 Kelly Johnson 在开发战斗机 P80 Shooting Star 中第一次应用 FMEA 以缩短开发周期。

1949年　美国军方发布《MIL-P-1629 失效模式、影响和危害性分析实施程序》。

1950年　格鲁曼公司将 FMEA 应用于飞机主控制系统的研发中。

1957年　波音公司和马丁公司正式发布 FMEA 作业流程。

1963年　美国国家航空航天局 NASA 为阿波罗(Apollo)计划开发和使用《FMECA 失效模式、影响和危害度分析》，NASA 一共找出阿波罗计划中有420个单点失效(Single Point Failures)。此后军方要求在发展军火系统时必须使用 FMEA，以确保这些系统的安全性和可靠性。

1965年　FMEA 广泛应用于航空和航天技术、食品工业、核技术领域。

1972 年　美国福特(Ford)公司将 FMEA 分为 DFMEA 和 PFMEA，正式引入汽车行业。

1977 年　FMEA 开始在汽车工业中广泛使用。

1985 年　国际标准化组织发布 IEC 60812:1985。

1987 年　中国国家标准局发布《系统可靠性分析技术 失效模式和效应分析 FMEA 程序 GB 7826-87》。

1993 年　美国汽车工业行动小组 AIAG 发布《FMEA 参考手册》第一版。

1994 年　汽车工程师协会 Society of Automotive Engineers 发布《FMEA SAE-J1739》。

1996 年　德国汽车工业联合会 VDA 发布《VDA4.2 系统失效模式和影响分析》。

2001 年　国际标准化组织发布《IEC 60812:2001》。

2006 年　德国 VDA 发布《产品和过程 FMEA》。

2008 年　美国 AIAG 发布《FMEA 参考手册》 第四版。

2017 年　Aerospace Engine Supplier Quality(AESQ) Committee 发布《AS13004 过程 FMEA 和控制计划》。

2019 年　AIAG 和 VDA 联合发布《FMEA Handbook》第一版。

第 3 节　FMEA 的定义

美国福特(Ford)公司首次将 FMEA 引入汽车行业，其对 FMEA 的定义如下：

FMEA 是一组系统化的活动，目的是：

- 认识和评估产品/过程的潜在失效及其影响
- 识别措施以消除或减少潜在失效发生的机会
- 记录过程。是对设计或工艺过程必须做什么才能满足客户的定义流程(Defining Process)的补充

最新版的《AIAG-VDA FMEA 手册》将 FMEA 定义为：

FMEA 是一个以团队为导向的、系统化的定性分析方法，其目的是：

- 评估产品或过程失效的潜在技术风险
- 分析这些失效的起因和影响
- 将预防措施和探测措施文件化
- 提出措施降低风险

AIAG-VDA 的定义明确将 FMEA 定性为产品和过程技术风险管理方法，并将技术风险与财务风险、战略风险和时间风险置于同等重要的级别。

我们可以从以下几个角度来理解FMEA：

- 系统化

DFMEA的分析是从成品(总成)、模块到零部件(材料)逐层推进,覆盖方案设计、细部设计和零件设计等所有环节,对设计方案、设计变更、设计验证/确认进行评估。

PFMEA的分析包括制造、装配、物流、仓储、检验、维护保养等生产环节,对其工艺路线、加工方法、设备、工装夹具、工位器具、制造环境等所有细节进行风险评估。

FMEA不是头痛医头脚痛医脚的工作方法,而且全面评估所有产品、零件、过程。

- 专注风险(失效)

主机厂希望供应商能协助其降低售后成本和装配工时,最终实现产品成本的降低。换句话说,FMEA分析应该更加聚焦售后问题和零公里问题,供应商工程师应思考如何将企业的产品和过程与这两类问题建立联系,即失效影响应该更多是关于售后问题和零公里问题,失效原因是零件的设计问题或工艺控制问题,预防措施是如何规避这两类问题的发生,探测措施是如何在问题发生后把它们揪出来。如果这些措施有效性不如预期,那么就要提出相应的改进方案。

- 量化评估

对风险进行量化评估的目的是沟通,便于达成一致意见。但SOD评分不是一个客观的分值,只是产品团队的主观评价而已,单独的分值没有任何意义,但很多工程师却花费大量的时间在评分上面,希望能将风险优先数(Risk Priority Number,简称RPN)压低到某个阀值以下,这样就可以不用实施改进措施,因为改进实在是有点难度。

SOD和RPN值原本的目的是评估改进措施的优先顺序,它们并不是FMEA分析的目的,如何合理地分配有限的资源才是RPN值的目的。

SOD和RPN值本身并不能说明对产品设计或工艺的控制措施是否合理,即它们并不创造价值。但很多SQE和审核员在审核时,往往揪住企业的RPN值不放,强迫企业对高RPN值提出改进措施,这会导致企业没有把焦点放在预防措施和控制措施的有效性上。

AIAG-VDA FMEA已将RPN值取消改为行动优先级(Action Priority,简称AP),也是希望FMEA项目工程师不要花太多时间去控制分值,而是应当多思考产品和工艺的控制措施是否有效,是否应该优化。

- 落地行动(预防措施和探测措施)

FMEA相当于过滤器,将产品和工艺的所有问题及其原因和措施都梳理一遍,评估这些问题、原因和措施是否相匹配,将那些不匹配的项目拎出来再评估是否需要改进,需要投入哪些资源。很自然失效原因和措施的分析才是落地点,即工程师用什么方法去找到问题和原因,用什么方法去阻止问题和原因的发生。

如果工程师认为现有的预防措施和探测措施不足以控制失效的发生和探测,则需要提出相应的改进方案，包括：具体的措施、资源需求、责任人和时间安排。

• FMEA 是工具，不是任务

FMEA 就如同工程绘图软件一样，要绘制工程图之前，需要把软件打开，完成之后再把软件关闭，即软件是工具不是任务。

FMEA 是思维工具，为团队提供共同分析问题的架构，便于沟通和达成共识，并追踪尚未达成目标的事项，然后将沟通的结果文件化。这样团队成员可以打破时间和地点的约束，与不同的人和时空进行沟通，站在前人的肩上进行突破。FMEA 不是快速填完 FMEA 表格，也不是填完就没事了，而是帮助工程师提升工作效率、专注产品和工艺。

FMEA 应贯穿整个产品开发过程，只要项目工程师需要彼此交流，就可以应用 FMEA 来协同和记录分析的结果。没有结果的交流都是浪费时间，这也是为何 FMEA 是动态文件的原因。

第 4 节　FMEA 的实施和更新时机

FMEA 的实施和更新贯穿整个产品的生命周期，其启动、编制和更新过程如图 1-1 所示。

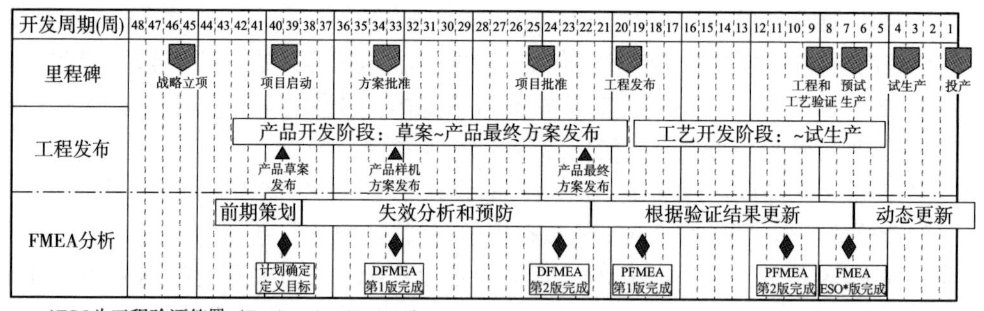

图 1-1　FMEA 的实施和更新时机

• FMEA 的启动

产品项目小组成立后，就要开始着手启动 FMEA 项目，由产品经理主导制定 FMEA 的实施目标、范围、责任人和时间安排。

在实施合同项目的过程中，遇到以下三种情形，通常需要对项目启动 FMEA 分析：

情形 1：新设计、新技术或新工艺。FMEA 的分析范围包括完整的设计、技术或工艺。这种情形是指新设计、新技术或新工艺第一次在企业内部或行业内使用。

情形2:现有设计或工艺的新应用。FMEA的分析范围包括新环境、新制造场地、新应用或使用条件(如负载周期、法规要求等)下对现有设计或工艺的影响。如:某零件由汽油车应用于电动车,或工况由12 V电压变为48 V。

情形3:对现有设计或工艺的工程变更。新技术开发、新要求、产品召回和使用现场失效可能会需要变更设计或工艺,此时可能需要对FMEA进行评审或修订。如:

①设计变更。形状/尺寸、材料成分/属性、表面处理、管路布局、紧固方式等变化。

②车辆运行环境变更。高温/高寒/高原环境、潮湿、风沙等环境。

③供应商变更。供应商引发的制造过程的变更等。

④客户使用变更。车辆的销售市场变化,由此带来的法规、运行环境/路况、驾驶乘坐习惯等带来的变更。

- FMEA的编制

虽然编写FMEA通常由个人负责,但FMEA的分析过程应该由团队一起努力。企业应组建一个经验丰富的团队(例如,在设计、分析/测试、制造、装配、服务、质量和可靠性方面具有专长的工程师)。团队成员还可以包括采购、测试、供应商和其他适当的专业专家。团队成员可以随着产品和工艺设计的成熟度进行增减。

在最初的DFMEA过程中,负责的工程师应直接和积极地让所有受影响领域的代表参与。这些专业知识和责任领域应包括但不限于:装配、制造、设计、分析/测试、可靠性、材料、质量、服务和供应商,以及负责较高或较低总成或系统、子总成或部件的设计领域。FMEA应该是一个催化剂,以促进受影响的职能部门之间的思想交流,从而强化团队方法。除非负责的工程师在FMEA和团队促进方面有经验,否则指定一位有经验的FMEA促进者(Facilitator)协助团队开展活动是有帮助的。

- FMEA的更新

产品团队必须采取具体的、具有可量化效益的预防/纠正措施,建议改进措施的提出和追踪,这一点怎么强调都不过分。如果没有积极和有效的预防/纠正措施,经过深思熟虑和精心编制的FMEA的价值将是有限的。

责任工程师负责保证所有预防措施、探测措施和建议措施都得到实施或充分的处理。FMEA是一份动态文件,应始终反映最新的设计水平,以及最新的相关措施,包括量产(Start of Production,简称SOP)后采取的措施。

企业应根据自身和客户的需求,在项目实施计划或先期产品质量先期策划(Advanced Product Quality Planning,简称APQP)实施计划中定义相应的FMEA节点(启动、编制、更新)。

第5节　如何理解FMEA的动态性

当启动一个新项目的开发时(不是修改现有技术创建的),有时会利用以前创建的FMEA作为起点。这可以是一个产品FMEA或产品族FMEA。

产品FMEA、产品族FMEA和合同项目FMEA三者之间的关系,如图1-2所示。

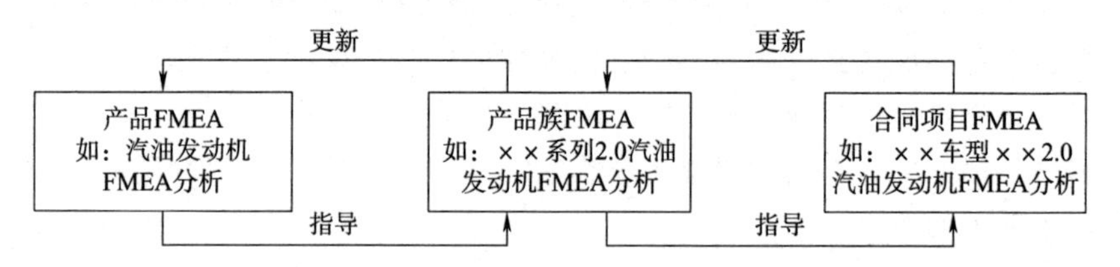

图1-2　FMEA的动态性

产品FMEA也可以称为基准或模板FMEA,是对某类别产品的有关设计和工艺最佳实践的总结;是基于法律法规或相关的国家/行业标准对产品相关的功能、要求和措施进行笼统的描述,为创建产品族FMEA和新项目FMEA提供基础或作为培训工程师的教材。

产品族FMEA是对某系列产品的有关设计和工艺最佳实践的总结,在产品FMEA的基础之上对产品相关的功能、要求和措施的描述比较具体。产品团队可以对产品族FMEA进行总结和提炼,将获取的经验知识更新到产品FMEA中。

合同项目FMEA是基于客户的技术要求对产品相关的功能、要求和措施进行详细的描述。项目关闭后,产品团队可以对项目FMEA进行总结和提炼,将获取的经验知识更新到产品族FMEA中,用于指导下一个新项目的FMEA分析。

产品FMEA、产品族FMEA和合同项目FMEA三者之间的互动,可以帮助企业跟踪产品法律法规、客户技术要求与设计水平的匹配性,同时可以将工程师的个人经验和能力转化为组织的相应能力。FMEA是产品和工艺知识管理的重要工具。

第6节　实施FMEA的利益

DFMEA通过以下方式支持设计过程减少失效的风险(包括非预期结果):

①协助对设计进行客观评价,包括功能要求和设计备选方案。

②评估制造、装配、服务和回收要求的初始设计。

③提高设计/开发过程中考虑潜在失效模式及其对系统和车辆运行影响的可能性。

④提供额外的信息,以帮助策划全面和有效的设计、开发和验证计划。

⑤根据潜在失效模式对客户的影响,为设计改进、开发和验证测试/分析建立一个

优先系统。

⑥提供一个开放的问题思考结构，用于推荐和跟踪降低风险的行动。

⑦提供未来的参考。例如，经验教训，以帮助分析现场关注的问题，评估设计变更和开发更优的设计。

⑧帮助识别特殊特性。

⑨帮助验证设计验证计划(Design Verification Plan，简称 DVP)。

实施 PFMEA 的好处如下：

①识别过程功能和要求。

②识别潜在的产品和过程相关的失效模式。

③评估潜在失效对客户的影响。

④识别潜在的制造或装配过程原因，并确定过程变量，聚焦控制措施，以减少失效的发生或探测失效。

⑤制定一份潜在失效模式的顺序清单，建立一个预防/纠正措施考虑的优先系统。

⑥记录制造或装配过程的结果。

⑦协助制定完整的制造或装配控制计划。

⑧识别操作人员的安全问题。

⑨将所需的设计变更和制造可行性的信息反馈给设计部门。

⑩关注由制造或装配工艺缺陷引起的潜在产品失效模式。

简而言之，FMEA 是一个事前的预防工具，越早使用其成本效益越高，如图 1-3 所示。

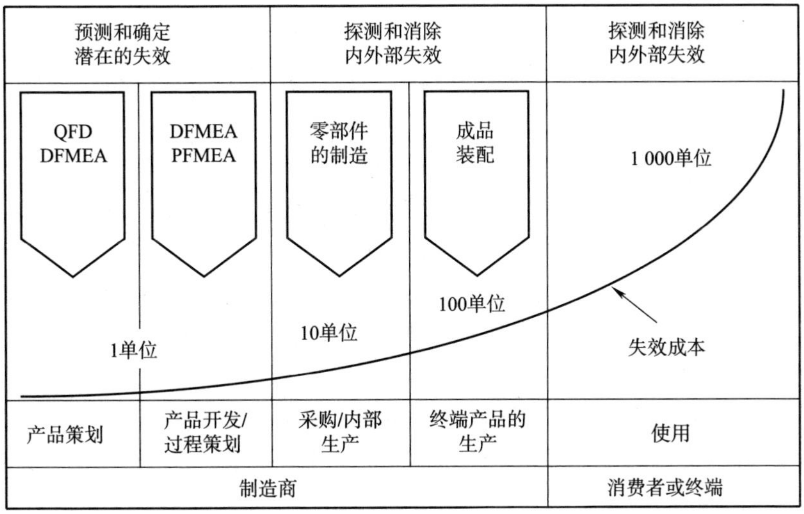

预测和确定潜在的失效
探测和消除内外部失效
探测和消除内外部失效
QFD DFMEA
DFMEA PFMEA
零部件的制造
成品装配
1 000单位
100单位
10单位
1单位
失效成本
产品策划
产品开发/过程策划
采购/内部生产
终端产品的生产
使用
制造商
消费者或终端

图 1-3　FMEA 的成本效益

在产品策划阶段解决一个产品失效可能只花1元钱,如果这个产品失效没有被发现而流到使用环节(消费者或终端),可能要花1 000元才能解决,这个量级的差别非常大。

第7节　FMEA的成功要素

以下成功因素对FMEA的质量至关重要:

①确定FMEA的目标和范围(参考客户的技术要求、技术协议、质量协议)。
②团队规模和成员组成。
③良好的团队精神。
④必须配置的FMEA资源(人员、专业分析软件),并纳入项目策划。
⑤具备FMEA方法论知识。
⑥合格的主持人,且态度中立。
⑦重视产品开发的绩效,以便在早期阶段应用分析结果和实施改进行动。

有效的FMEA存在以下前提条件:

①完整的功能和要求。
②完整的系统概念,并根据设计目标将其适当地划分为组件、总成和设计元素。
③管理层负责提供必要的资源,以便FMEA能够成功和及时地实施。在创建FMEA期间,管理层通过参加会议和评审结果给予积极支持。

第8节　FMEA的法律法规问题

FMEA的有效实施和适当地执行其分析结果,是汽车产品制造商确保道路安全的责任之一,违反这一确保道路安全的义务可能导致制造商承担民事责任,即:产品责任。产品制造者、销售者在履行合同时,所提供的产品不符合法律或合同规定的质量标准或有隐蔽瑕疵应负的民事责任,仅限于因产品瑕疵造成他人损害时所负的侵权损害赔偿责任。在个人过失的情况下,还可能导致责任人承担刑事责任(如:因过失造成人身伤害/死亡)。

主机厂通常要求其供应商对每个产品都需要创建一个FMEA,列出该产品的具体风险。该分析必须考虑到产品在其使用寿命期间的操作条件(Operating Condition),特别是安全风险和预期的误用(但不是故意的)。在新产品导入或产品/工艺变更时,如果参考了现有的FMEA,则必须以书面形式记录下来,以便追溯。

在实施FMEA时,必须从法律角度遵守以下规定:

①FMEA是明确的:即对可能发生的失效、被评价为合理的措施以及负责执行这些措施的人员的描述必须不存在可能的误解,必须使用精确的技术术语,使专家能够评估失效和可能的后果,必须避免使用弹性、模糊或带有感情色彩的词语(如:危险、不能容忍、不负责任等)。

②FMEA是真实的:即准确描述潜在的失效后果(如:产生异味、烟雾、停产等)。

③FMEA是完整的:不得隐瞒能探测到的潜在失效。企业担心创建一个正确的和有效的FMEA可能会泄露太多的技术秘诀(Know-how),不能作为FMEA不完整表述的理由。完整性指的是被分析的产品/过程的全部内容(系统元素和功能),细节的详细程度取决于所涉及的风险。

④FMEA是合理的:对失效起因的分析应该是合理的,不考虑极端事件(如:道路塌方、车间停电停水、蓄意不当操作等)。

⑤FMEA中涉及的所有失效可能性必须得到应对,即必须以可追溯的方式记录减少风险的措施:要么没有得到执行,要么是在何时由谁执行了何种措施。

新技术的发展、新要求或新产品导入可能意味着必须再次实施FMEA,即使有关的实际产品没有发生变化。

第 2 章

▶ DFMEA 的实施

第 1 节　DFMEA 概述

DFMEA(Design for Manufacture and Assembly,简称 DFMA)是一种分析技术,主要由负责设计的工程师/小组使用,以确保尽可能地考虑和处理潜在的失效模式及其相关的原因/机制,应该评估最终项目及每个相关的系统、总成和组件等。DFMEA 是项目团队在设计一个组件、子系统或系统时的思路总结(包括根据经验对可能出错的项目进行分析)。

设计工程师应掌握一些对编制 DFMEA 有用的文件。这个过程首先要制定一份清单,列出设计预期要做什么,以及预期不做什么(即设计意图)。该清单还应包括客户的需求,这些需求可以源自质量功能展开(Quality Function Deployment,简称 QFD)、技术要求文件、已知的产品规格、制造/装配/服务/回收要求等。产品特性的定义越明确,就越容易确定潜在的失效模式,以便采取预防措施和探测措施。

在整个设计过程中,DFMEA 提供或协助以下所列的各事项来减少失效发生的风险:

①协助对客户需求及设计方案选择的客观评估。

②增加可能失效模式及其对系统的影响,能在产品设计阶段被预先考虑的机会。

③提供额外的信息来协助实施彻底而有效的设计评审。

④因为潜在的失效链(失效影响—失效模式—失效起因)是依据对客户的风险大小来做优先次序排列,所以可依此而建立一个设计改进及测试的优先次序。

⑤提供一个开放式的格式来追踪风险降低措施及改进建议。

⑥针对客户的使用状况,考虑、评估设计变更及为发展更先进的设计方案提供参考。

第 2 节　DFMEA 的实施步骤

DFMEA 实施步骤一:策划和准备

DFMEA 的策划和准备步骤是根据项目合同确定要针对哪些产品、系统、总成或组件实施DFMEA分析。

DFMEA项目的识别和分析边界

明确以下问题可以帮助项目团队识别DFMEA项目，即哪些产品、系统、总成或组件需要实施DFMEA分析：

①项目新要求。
②谁有设计责任。
③谁负责定义接口标准。

产品团队在项目启动后，首先要对项目任务书和客户的技术要求(Specification of Requirements，简称SOR)进行评审，评审的内容之一就是确认新项目是否有新的产品要求。新要求会带来新的风险，有新要求的项目是DFMEA分析的重要内容之一。

客户和企业的项目合同确定设计责任，事实上在报价阶段就要确认设计责任的归属。

IATF 16949:2016条款“3.1 汽车行业的术语和定义”中对设计责任的定义是“有权制定一个新的或更改现有的产品规范(Product Specification)，包括在客户指定的应用范围内，试验并验证设计性能”。如果企业承担这些设计责任，就应该对相应的产品实施DFMEA分析。如果项目合同中的某些零件或组件是由供应商负责设计的，则由供应商实施DFMEA分析，企业负责对该DFMEA进行评审。

一旦确定DFMEA项目，接下来就是要确定具体分析哪些内容，即分析的边界或范围。设计团队可以通过对以下信息的分析来界定DFMEA的分析范围：

第一类资料：法律法规要求、行业标准；
第二类资料：客户的图纸、技术要求、试验规范等；
第三类资料：类似产品的DFMEA、物料清单(Bill of Materials，简称BOM)、防错要求、可制造性设计、类似产品的零公里问题和保修问题分析报告等。

最常用的范围分析方法是绘制方块图或边界图(Block/Boundary Diagram)，具体分析方法请参见本章方块图或边界图的内容。

DFMEA项目实施计划

确定DFMEA实施项目后，项目团队应制定一个完整的DFMEA实施计划，内容包括：

①DFMEA目标：企业与客户的项目合同中会明确项目目标，如质量目标XX ppm。要实现这个质量目标，项目小组必须解决某些产品的技术问题，该技术问题就

是DFMEA分析的具体目标。

②DFMEA的时间安排:产品项目计划是DFMEA实施计划的约束,即在项目计划中标明DFMEA的里程碑。读者请参阅本书第1章“FMEA概述”的“第4节 FMEA的实施和更新时机”。

③DFMEA团队:DFMEA的核心成员包括设计工程师、系统工程师、零件工程师、测试工程师(试验验证方案)、质量/可靠性工程师(可靠性试验),核心成员应参与DFMEA的全程分析与相应措施的实施。支持成员包括项目经理、工艺工程师、工装夹具工程师、售后工程师(零件的可拆卸可维修性、历史售后分析报告)、供应商/客户代表等。某项目DFMEA任务的责任指派见表2-1。

表2-1 DFMEA任务的责任指派

R:负责(包括积极参与) A:批准 S:支持(应要求参与) I:知会(需要通知的人) C:合作(积极参与)	FMEA牵头人	销售	项目经理或设计负责人	采购	FMEA联系人	FMEA小组成员	总经理或管理层
项目计划中的FMEA时间策划(初稿及更新稿)	I	S	R	S	I	I	A
FMEA牵头人与客户联系人的约定	C	S	R	S	C		A
与客户的沟通	S	R	C		C		I
与供应商的沟通	S		C	R	S		I
FMEA成员的指派	C		R		C	I	C
协调具体项目客户对FMEA的要求	C	C	R		I	I	
技术要求的准备(客户规格、性能规格、特殊特性)	I	C	R		C	I	
对现有FMEA使用内容的检查	C		R			S	
必要文件和样品的提供	I	S	C	S	R	S	
协调时间表和邀请参加FMEA会议	C	S	I	S	R	S	
⋮							

④DFMEA任务:DFMEA实施的七个步骤提供了任务架构和每个阶段的交付物,如编制DFMEA实施计划就是一个具体的任务。

⑤DFMEA 工具：新版 FMEA 手册强烈建议应用软件包进行 FMEA 开发，大部分企业都是应用 Excel 开发 FMEA，但新版 FMEA 的分析结构比较复杂，应用 Excel 分析效率比较低，且无法应用可视化展示分析成果。如果可能，企业应该使用专业软件进行 FMEA 开发。

DFMEA 实施步骤二：结构分析

产品项目结构分析的目的是将项目分解为系统、子系统、组件和零件，识别不同的结构组成在产品中的位置关系（层级关系）、连接关系等，它是 DFMEA 功能分析步骤的基础。结构分析的流程，如图 2-1 所示。

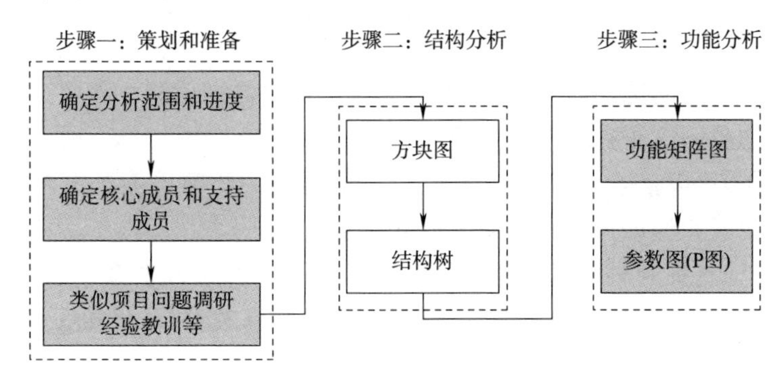

图 2-1　结构分析流程

方块图或边界图

DFMEA 的范围由方块图或边界图确定，即 DFMEA 的分析有一个边界，该边界将产品项目与其他系统/项目和环境分开。通过方块图或边界图，让 DFMEA 团队对分析的范围达成共识：

①哪些应包括在范围内？
②哪些应从范围中排除？

在进行 DFMEA 分析之前，确定正确的边界将使 DFMEA 的重点突出，避免将 DFMEA 分析扩展到没有变更的领域，能有效防止扩充或遗漏分析，以及吸收错误的团队成员。

方块图或边界图是分析对象内子系统、总成、子总成和组件之间关系的图形表示，还是它与邻近系统和环境的接口。方块图或边界图的模型，如图 2-2 所示。

方块图或边界图是 DFMEA 的必备要素。它将 DFMEA 分解成可管理的层次。

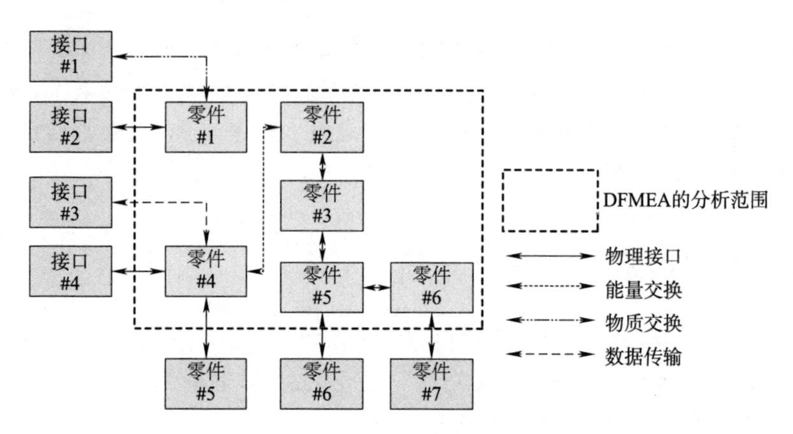

图 2-2　方块图或边界图模型

当构建正确时,它为功能矩阵图、P 图和 DFMEA 提供详细信息。需要注意的是,当完成或修改时,边界图应附在 DFMEA 文件中。

虽然边界图可以描述任何层次的细节,但重要的是要确定主要元素,了解它们如何相互作用,以及它们如何与外部系统相互作用。

此外在设计流程的早期,边界图可能只是几个代表主要功能和它们在系统层级的相互关系的方块。随着设计的成熟,边界图可能会被修改,或开发更多的边界图来说明较低层次的细节。

案例:监视连接器方块图或边界图,如图 2-3 所示。

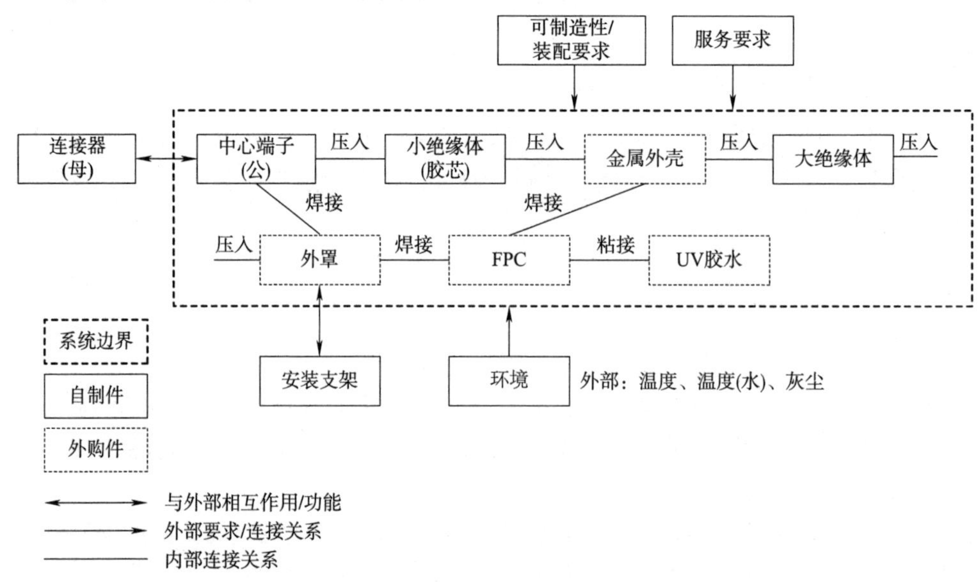

图 2-3　监视连接器方块图或边界图

通过方块图的绘制，DFMEA 项目小组应确定以下要素：

- 系统边界

系统包含的所有元素（子系统、组件或零件），确定哪些是自制件（分析对象）、外购件，如图 2-3 虚线所示的范围。

其中外购件分两种情况：企业设计供应商制造、供应商设计及制造。谁负责设计，谁就要实施 DFMEA 分析。

- 系统与其他系统的连接关系

如图 2-3 所示的连接器（母）、安装支架就是分析范围以外的其他系统。这个要求对 DFMEA 团队提出挑战，即要了解公司产品在整车中与哪些系统、子系统、组件或零件有连接关系或功能交互关系。DFMEA 团队对这些产品的特性要了解和熟悉，否则应与客户沟通此类产品特性等信息。连接关系具体请参考下节的接口分析。

- 产品装配和制造的要求

产品装配和制造的要求可以是来自客户的技术要求或图纸，也可以是本企业制造部门或工艺设计的要求。这些要求会成为设计的约束条件，如果考虑欠周全，会成为产品失效的原因；如果装配和制造的要求是客户的硬性要求，则可能对企业的工艺设计提出挑战，在 PFMEA 分析时要考虑此项要求。关于产品装配和制造的要求可使用可制造性设计分析工具，相关描述见本章 DFMEA 实施步骤五：风险分析中的当前预防措施。

- 服务要求

即整车使用阶段如何拆装、维修和保养相应的零部件，该要求来自主机厂的技术要求或服务协议。

如某车型的后保险杠总成及支架的服务要求如下：

①如果需要维修部件，部件的结构必须要清晰并且保证在车间内可无误地简易更换。

②减少相邻部件的拆卸工作。

③组件的设计寿命必须超过整车的使用寿命。

④确保在执行任何装配和修理工作时，无须特殊工具。

⑤固定件经过至少 10 次拆卸/改装后，不能出现部件损坏或影响基本使用（不包括维修零件）。

…… ……

- 环境

此处的环境是指系统运行的外部环境，如车辆的内部工况环境或自然环境、路况等。可考虑以下内容：

①结构:振动、冲击、噪声、加载、动态模式形状。
②热:温度范围、加热速率、热交换面。
③磁:磁力线密度、变化率。
④辐射:类型、射线密度、总量。
⑤环绕空间:压力、温度、容量。
⑥空调:温度、流动速率。

- 接口关系

系统内部元素(子系统、组件或零件)之间的连接关系,具体见下节内容分析。

接口分析

接口是指被分析的系统、子系统和/或部件之间的共同边界。《GJB 2737—96 武器装备系统接口控制要求》对接口的定义是:对两个或两个以上系统、子系统、设备或计算机软件产品间共同边界的功能特性、物理特性要求。

常见的接口类型如下:

- 物理接口

如机械要求:外壳、附件、遮蔽、紧固、支架等。其质量特性描述:重量、惯性矩及重心位置、轴、尺寸、强度等。

- 材料交换

如气压、液压油或其他液体/物质的交换。

- 能量传递

源于外部环境的能量传递,或内部运动/运行产生的能量传递,如摩擦、链条/齿轮传递等。

- 数据交换

电子接口:

①命令信号。格式、速率、标识。
②数据信号。无线电频率特性、格式速率。
③计时信号。格式、时标、标识、记录。

软件:

①数据。输入、输出、速率、精度。
②信息。格式、内容、储存。
③协议。权限、处理、确认、错误探测、恢复。
④定时和排序。控制和逻辑关系、数据传输、输入判断。

• 电气接口

如电力(类型、电压、电力分配图、保护)、接口插座分配、电磁兼容。

• 人机界面

如控制、开关、镜子、显示器、警告、座椅、车门等。

系统的接口定义源于客户的接口控制文件或技术要求。DFMEA 项目团队在定义接口时,还需根据具体的产品参阅相关的国际/国家/行业标准(含接口标准)。

接口分析中的信息对定义功能、失效模式、失效影响和失效原因分析有重要的价值。汽车产品的质量问题很多是源于接口标准的不匹配或错误,在定义接口标准时应力求全面、准确,抓住关键的接口参数。

在图 2-3 所示的方块图中,系统内部有三种连接方式:压入、焊接和粘接。其中压入和焊接属于物理接口,设计工程师要定义其装配尺寸和焊接强度,如定义不当则会发生脱落或断裂等失效模式;粘接属于材料交换,如胶水选型不当则会受外部温度、光照等因素的影响。系统与外部的两个零件相连接:连接器(母)、安装支架。连接器公母相连属于物理接口和电气接口,其尺寸和电气特性的匹配性是失效模式考虑的重点;与安装支架的连接属于物理接口,其安装位置/尺寸、紧固方式的选择是失效模式考虑的重点。外部环境将影响零件的选材、表面处理方式和测试条件等。

结构树

结构树分析是将方块图中所识别的系统元素按层次进行排列,通过结构化的连接(可视化)展现元素之间的依赖关系。

产品设计结构的系统元素由:系统、子系统、总成和零件等组成。复杂的结构可以分解多层次的结构。车辆整车的结构树示意,如图 2-4 所示。

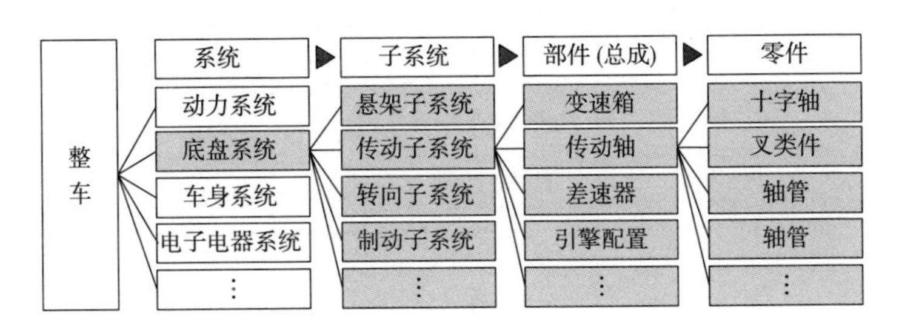

图 2-4 整车结构树示意图

DFMEA 项目小组在分析产品结构时,首先要明确该产品在整车中归属哪个层级或哪个系统、子系统或总成。这个信息对失效影响的判断至关重要,如果忽略这个信息,在识别失效影响时可能会得出错误的结论。

DFMEA 项目小组可依产品系统的规模或复杂性酌情予以扩大或缩减其层次,

图 2-5 是产品结构树示意图。其中产品系统是指企业交付的产品,DFMEA 团队可以参考产品爆炸图或产品物料清单进行结构树分析,对产品进行分解直至零件(或材料)层级。

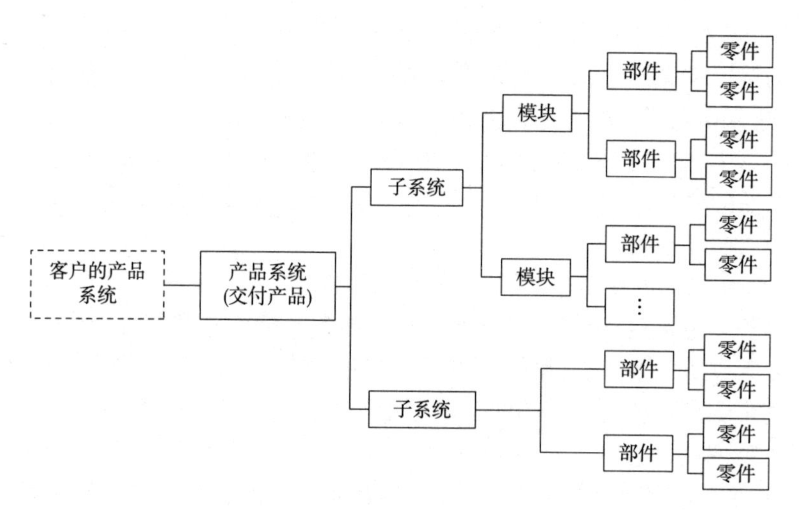

图 2-5　产品结构树示意图

根据图 2-3 监视连接器方块图,可以绘制如图 2-6 所示的监视连接器结构树图。该产品结构比较简单,分为两个层级:完成品(交付产品)和零件。新版的 FMEA 要求将产品结构分析定义为三个层级,于是在该产品的结构树分析中引入客户的产品,即:倒车影像系统,或者倒车影像系统中的某一个模块。

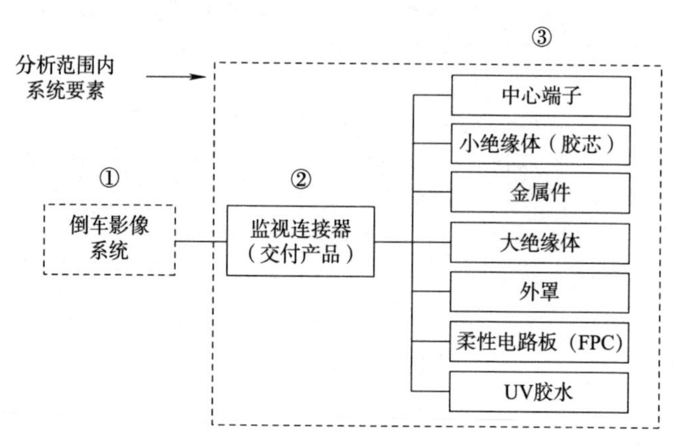

图 2-6　监视连接器结构树

将上述的结构树分析转化为 DFMEA 表格中的结构分析(步骤二),见表 2-2。

表 2-2 监视器连接器 DFMEA 结构分析

结构分析(步骤二)		
1. 上一较高级别	2. 关注要素	3. 下一较低级别或特性类型
倒车影像系统	监视器连接器	中心端子
		小绝缘体(胶芯)
		金属件
		大绝缘体
		外罩
		FPC
		UV 胶水
	⋮	⋮

DFMEA 项目小组首先应将分析的对象置于“2. 关注要素”栏位,表 2-2 中监视器连接器是 DFMEA 分析的对象;然后向上展开至“1. 上一较高级别”的系统,如倒车影像系统;向下展开至“3. 下一较低级别或特性类型”,如:中心端子、小绝缘体(胶芯)、金属件、大绝缘体、外罩、FPC、UV 胶水。

关注要素是设计责任,对产品项目小组而言该栏位放置交付产品;对某位设计工程师或设计小组而言,该栏位放置其设计的零件或模块。某位工程师负责中心端子的设计,如果要对中心端子的 DFMEA 进行分析,其结构树见表 2-3:

表 2-3 中心端子 DFMEA 结构分析

结构分析(步骤二)		
1. 上一较高级别	2. 关注要素	3. 下一较低级别或特性类型
监视器连接器	中心端子	素材-黄铜
		电镀层-镍
		电镀层-锡
		电镀层-金
	⋮	⋮

中心端子的上一较高级别是监视器连接器,下一较低级别或特性类型分别是:素材-黄铜、电镀层-镍、电镀层-锡、电镀层-金。

有些产品的结构层级比较多,若该企业交付产品是车门钥匙,3D 智能线圈设计工程师可以绘制如图 2-7 所示的结构树。

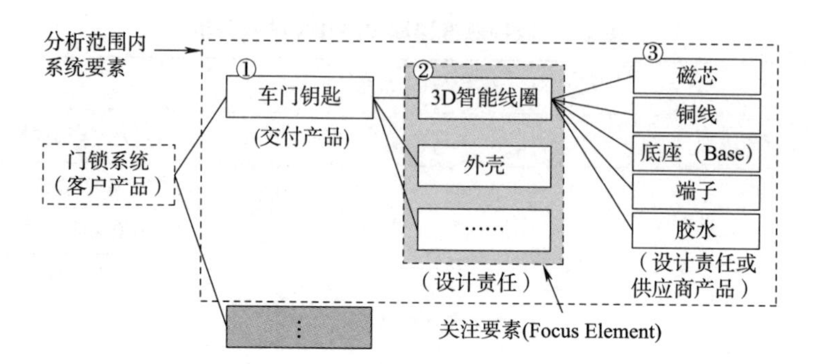

图 2-7　3D 智能线圈 DFMEA 结构分析

将上述的结构树分析转化为 DFMEA 表格中的结构分析(步骤二),见表 2-4。

表 2-4　3D 智能线圈 DFMEA 结构分析

结构分析(步骤二)		
1. 上一较高级别	2. 关注要素	3. 下一较低级别或特性类型
车门钥匙	3D 智能线圈	磁芯
		铜线
		底座(Base)
		端子
		胶水
	外壳	⋮
	⋮	⋮

产品项目小组中负责车门钥匙设计的工程师或小组,进行车门钥匙的 DFMEA 分析,其结构分析,见表 2-5。

表 2-5　车门钥匙 DFMEA 结构分析

结构分析(步骤二)		
1. 上一较高级别	2. 关注要素	3. 下一较低级别或特性类型
门锁系统(客户产品)	车门钥匙	3D 智能线圈
		外壳
		⋮
	⋮	⋮

汽车零配件的生产或整车装配过程中会使用大量的散装材料(Bulk Material),如:黏合剂、密封剂、化学品、涂料、引擎冷却液、纺织品、铝、钢卷、铸锭、玻璃、单分子物质、聚合物(橡胶、塑胶、树脂等)和润滑剂等物质(如:不成型的固体、液体和气体)。

以卷钢企业的冶炼和轧钢产品为例，其结构分析见表 2-6。

表 2-6 卷钢 DFMEA 结构分析

结构分析(步骤二)		
1. 上一较高级别	2. 关注要素	3. 下一较低级别或特性类型
A 柱(客户产品)	卷钢	成分-Fe
		成分-Mn
		成分-C
		成分-Si
		成分-S
		⋮
	⋮	⋮

卷钢企业产品项目团队根据客户的技术要求和国家标准定义的产品特性，通过调节冶炼过程中的成分含量，再结合其他轧制工艺过程实现卷钢的各项性能指标和其他质量要求。

一般情况下，散装材料结构分析中，关注要素是企业的交付产品，上一较高级别是企业直接客户的产品或间接客户的产品，下一较低级别或特性类型是交付产品的成分层级。

无论产品的层级有多复杂，DFMEA 的步骤二：结构分析只取其中三个层级。DFMEA 项目小组首先要确定分析的对象，将其置于 DFMEA 表格中的“2. 关注要素”栏位，再根据可视化的产品结构树，确定“1. 上一较高级别”和“3. 下一较低级别或特性类型”。如果“1. 上一较高级别”是客户的产品(或其供应商的产品)，则 DFMEA 项目小组应与客户进行沟通，了解该产品的相关信息；如果下一较低级别或特性类型是供应商的产品，则 DFMEA 项目小组应与供应商进行沟通，了解其产品的相关信息。

确定上一较高级别、关注要素和下一较低级别或特性类型的三个层级关系对 DFMEA 的失效影响、失效模式和失效起因分析非常重要。DFMEA 项目小组必须确保产品结构树的合理性。

DFMEA 实施步骤三：功能分析

完成 DFMEA 的步骤二：结构分析后，DFMEA 项目小组应针对各层结构进行步骤三：功能分析，根据“系统元素/项目→功能→要求”的逻辑链创建功能分析图表，如图 2-8 所示。

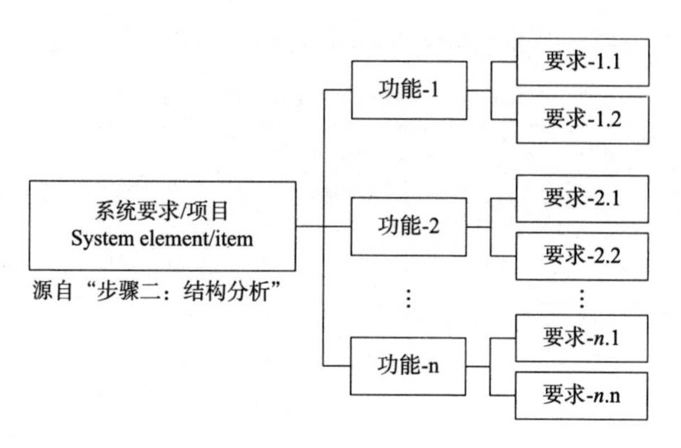

图 2-8　功能分析的示意图

功能识别

• 功能定义

一个系统、子系统或部件的预期目的或特征动作。主要功能是指产品的设计意图或动作。产品或系统元素可能有一个以上的主要功能。次要功能是产品或系统元素的辅助功能，从属于主要功能，但支持主要功能。

功能是产品或系统元素提供给整车并最终至顾客的用途。一般基于客户要求，可以但不限于在技术文件、SOR、法律法规或国家标准中找出。

行业一般使用动词+名词组合来描述具体的某项功能，如：产生灯光、控制速度、分配燃料、预防生锈。动词指示动作、发生或状态(如：产生、控制、分配、保持或预防)，名词指示与动作的联系(如：灯光、速度、燃料、生锈等)。如果使用英文编制 DFMEA，功能描述中的动词使用现在时态。

功能描述某个系统元素的输入、接口和输出之间的关系，以实现某个具体的任务。如图 2-9 所示：系统元素灯，其输入是电流、输出是灯光(功能：产生灯光)。接口也可能是一种功能，比如装配尺寸起到固定位置的功能。如果功能只在特定条件下才能实现，功能描述中则需要注明该条件。

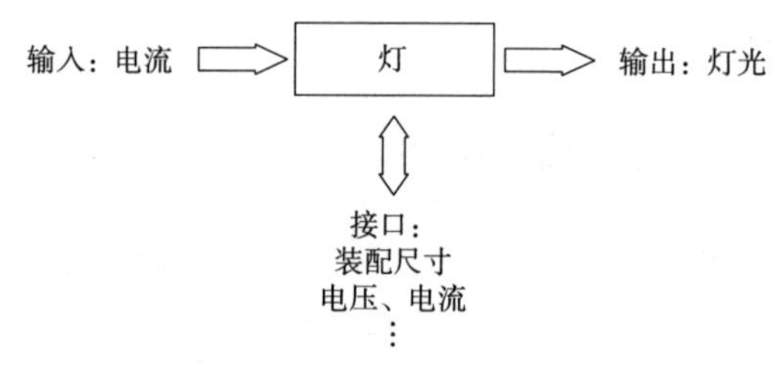

图 2-9　输入/接口/输出示意图

需要特别注意的是:有些系统元素在没有输入/输出的情况下,也能实现某个目的、功能或动作,比如:密封圈、支架等,其功能描述可以是系统元素的产品特性,如:密封圈的厚度、形变量、直径等。

- 接口矩阵

系统接口矩阵说明了系统内各元素之间的相互作用,以及与相邻系统和环境的接口。系统接口矩阵描述了接口的细节,如接口的类型、接口的强度/重要性、接口的潜在影响等。系统接口矩阵也是一个稳健性设计的工具。这些相互作用应对不当会导致潜在的保修和召回事件,因此,建议在设计过程中使用接口矩阵,特别是新设计。

系统接口矩阵中的信息为 DFMEA 提供了有价值的输入,如用于系统元素主要功能或接口功能的识别,也可用于识别源自邻近系统元素的失效起因,以及对环境或人员的失效影响。此外,它还为参数图的输入/输出和噪声因素提供输入。产品项目团队应验证所有带来正面或负面影响的接口,对其中的负面影响进行分析,以采取纠正和/或预防措施。接口矩阵完成或修订后,应附在 DFMEA 上。

接口矩阵可以通过以下方式识别并确定系统元素相互作用的类型及强度:

①显示系统元素间的关系是互利的还是不利的。

②确定关系的类型(空间关系、能量传输、数据交换和物质交换)。

图 2-10 是汽车前大灯装配件的接口矩阵范例:

	调节器	大灯外壳	上横杆	遮光罩	调节器插座		
调节器		2 2	2 2	-2 -1	2 2		
大灯外壳	2 2		2	1 2	-1 -2		
上横杆	2 2	2		-1 -1			
遮光罩	-2 -1	-1 -1	-1 -1				
调节器插座	2 2	-1 -2					

P	E
I	M

图 2-10 汽车前大灯装配件接口矩阵范例

其中:

字母。每个矩阵格子细分为四个小格子,P 表示空间关系(物理接触)、E 表示能量传输、I 表示数据交换、M 表示物质交换。

数字。+2 表示实现功能所必需的相互作用、+1 表示相互作用是有益的,但对实现功能来说不是绝对必要的、0 表示相互作用不影响功能、−1 表示相互作用造成负面影响,但不影响功能的实现、−2 表示必须防止相互作用以实现功能。

在图 2-10 中,调节器与遮光罩相交错的矩阵内,左上方的格子是 P 的位置,表示调节器与遮光罩有空间关系,−2 表示这种空间关系有负面影响,会影响某个系统元素或系统的功能的实现;右上方的格子是 E 的位置,表示调节器与遮光罩之间有能量传输,即遮光罩受热会升温,会对调节器有一定的负面影响,但不影响功能,故用−1 表示。

通过接口矩阵分析,DFMEA 项目小组能很好将系统元素之间的关系和相互影响梳理清楚,为后续识别确定失效影响、失效模式和失效起因,以及实施改进措施提供有价值的信息。

• 要求

ISO 9000:2015《质量管理体系 基础和术语》将其定义为:"明示的、通常隐含的或必须履行的需求或期望。"明示的要求是客户的成文规定,如技术要求、产品图纸、质量协议、技术协议等;隐含的要求一般指惯例,所考虑的需求或期望是不言而喻的;必须履行的要求一般指法律法规的强制性要求。这些要求可以分为两类:功能性要求和非功能性要求。

功能性要求是判断或测试功能预期性能的准则(Criterion),如:机械强度要求、焊接强度要求、刹车距离要求等。

非功能性要求是对设计决策自由度的约束。如:工作温度范围、行驶里程要求等。

DFMEA 项目小组在分析功能性要求和非功能性要求时,可以考虑以下五个来源:

①法律法规要求。如发动机排放相关国家标准。绝大部分汽车产品都要符合相应的法律法规标准,在识别这些要求时要逐项确定标准的限值。

②行业规范和标准。如汽车电子产品要符合国际电工委员会,(International Electrotechnical Commission,简称 IEC)或印刷线路板协会(Institute of Printed Circuits,简称 IPC)相应的标准。

③客户要求。如:客户的技术要求、图纸、质量协议、技术协议等。

④内部要求。企业自己的产品规格书(Specification)或图纸的要求,可制造性要求、测试要求等,该要求可能高于法律法规或客户的要求。

⑤产品特性。产品特性是指产品的属性(定量或定性),当系统元素是单个零件或材料层级,通常会用产品特性来描述其功能或要求。该产品特性通常是设计特性,如轴的外径、镀层厚度、附着力、表面粗糙度等。设计工程师有权定义这些设计特性,如定义不当,会导致其他系统元素的失效,所以单个零件或材料的产品特性(或设计特性)通常是失效起因。

要求是对功能的进一步细化和量化,不同的客户对同一种产品的功能定义可能是相同的,但要求往往不尽相同,DFMEA项目小组必须花足够的时间来识别功能和要求,这是DFMEA能否有效的关键因素之一。关于功能和要求的信息如果出现遗漏或错误,DFMEA就起不到应有的作用。DFMEA项目小组如果能在事前把问题想到,那就解决一半了。如果想不到的话,就如墨菲定律所言:凡事只要有可能出错,那就一定会出错。要预防产品失效,必须先知道正常的功能和要求是什么,后续才有可能采取正确的措施来阻止问题的发生。

对要求的分析不是DFMEA的一个任务。它是实施DFMEA的一个前提条件(输入)。作为DFMEA的一部分,所有要求和功能的存在性和完整性都应被DFMEA项目团队检查,并处理任何未解决的事项。

- P图或参数图(Parameter-Diagram)

质量管理大师朱兰在《质量策划与分析》一书中解释P图(参数图)时写道,最基本的产品特征是性能(即输出),如:电视机的色彩密度,车辆的转弯半径。为了创造这样的输出,工程师们应用专业知识及相关流程来组合材料、零件、部件、液体等输入。对于这些输入中的每一项,工程师都会确定参数并定义其量值,以实现最终产品所需的输出。

P图(参数图)挑战了一个先入为主的观念,即一个理想的函数将输入数据完全转换为输出数据。在现实世界中,没有一个系统是100%有效的。其他的物理现象也会进入现场,并影响到功能的执行,这就导致了设计中需要将可能影响功能的因素都考虑到。

P图(参数图)是一种结构化的工具,可以用来识别被调查对象的预期输入(信号)和输出(功能)。一旦为一个特定的功能确定好其输入和输出,就能确定输出的错误状态(失效模式)。并不是所有的系统元素都需要进行P图(参数图)分析,DFMEA项目小组可以考虑对以下的系统元素进行P图(参数图)分析,P图(参数图)的分析思路,如图2-11所示。

①工况条件发生变化。
②有持续的稳健性问题。
③对产品项目有重大影响。

- 输出:分为预期输出和非预期输出

预期输出是设计的意图或功能要求,源于法律法规、行业标准、客户技术要求等资料。非预期输出是指故障行为或系统元素对预期功能的偏离。如发动机的排放是一种非预期输出;噪、振动和发热是制动系统的非预期输出等。非预期输出是系统元素DFMEA的失效模式,预期输出的错误状态也是系统元素DFMEA的失效模式。注意:非预期不是想不到的,而是不想要的。

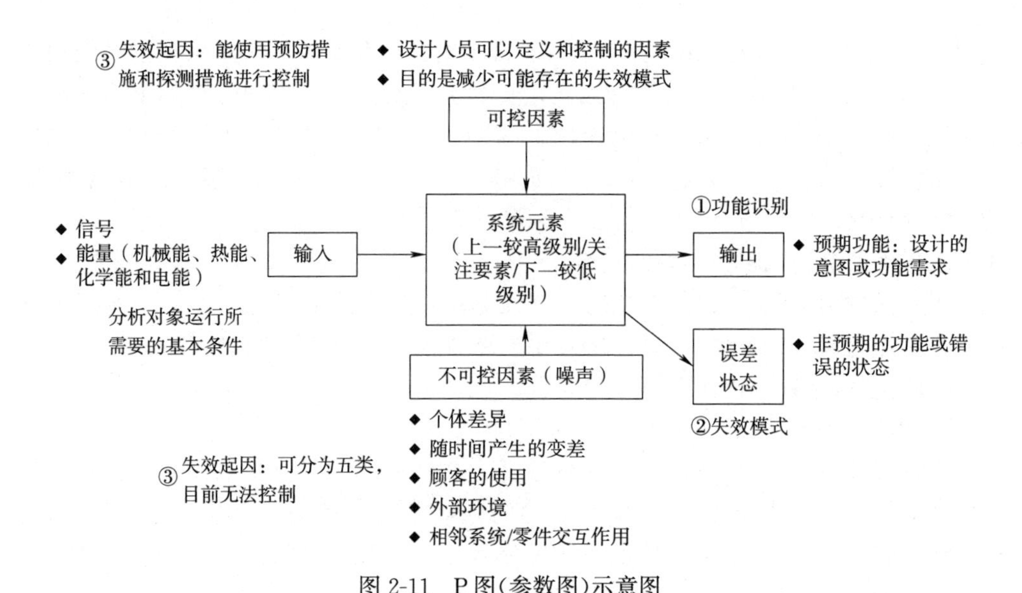

图 2-11　P 图(参数图)示意图

• 输入:信号或能量

输入是系统元素运行所需要的基本条件,如:速度、加速度、输入扭矩等各种类型信号或能量,即机械能、热能、化学能和电能直接驱动或转化为信号驱动系统元素的运行。

• 可控因素:设计工程师可以自主定义和控制的因素

这些通常是工程团队可以改变的系统设计参数,如:材料的选择、轴径、刚度、密度、硬度等。这些设计参数定义不当或选择错误,将导致失效模式的发生,后续的预防措施和探测措施就是确认这些设计参数是否合理;对可控因素的描述尽可能用最低层级的特性术语,如:硬度、金相结构等。

可控因素的识别还可以用于确定重要的产品特性。关键产品特性(Key Product Characteristics 简称,KPCs)是重要产品特性的一个子集,一般由客户的技术要求/图纸确定,亦可由产品项目小组确定,在 DFMEA 分析中需要重点关注。它们需要在控制计划中进行跟踪,对 KPCs 的确定需要建立相应的批准流程。KPCs 对应到 DFMEA 和 PFMEA 的特殊特性栏。

• 不可控因素(噪)

设计工程师在企业现有技术能力和工作流程下无法控制的设计参数,或控制成本高昂的因素。

不可控因素也可以称之为噪音,该噪音不是指耳朵听到的声音,而是指对系统元素运行的干扰。如果系统元素的输出对噪音比较敏感,说明该系统的稳健性有问题。不可控因素(噪音)分为以下五种类型:

①个体之间的差异,主要是制造能力导致的结果。例,制造中材料厚度的偏差、漏

孔、漏焊等，或系统元素内不同元素之间的干扰。

②随产品运行时间或里程产生的变差，磨损、疲劳。例，腐蚀、黏结性随时间的变化；密封性退化等。

③客户的使用和操作，客户的使用方式。例，不良的操作习惯、未按说明书操作、误操作等。

④外部环境，客户使用时的环境、气候、道路状态。例，温度、湿度、雨雪天气、灰尘、紫外线、路况等。

⑤相邻系统/零件交互作用。例如线路接口、车门和车身的配合、前格栅和车灯的匹配等。

类型一和类型二是系统元素内部的干扰，类型三、四、五是来源于系统元素外部的干扰。

一个稳健的设计对预期的变化是不敏感的，P 图（参数图）直观地显示了系统的设计目的、系统将遇到的预期噪音以及实现预期结果的正确参数之间的关系。P 图（参数图）可以成为 DFMEA 的一个重要输入。

图 2-7 车门钥匙 DFMEA 结构分析中的线圈 P 图（参数图）分析，如图 2-12 所示。

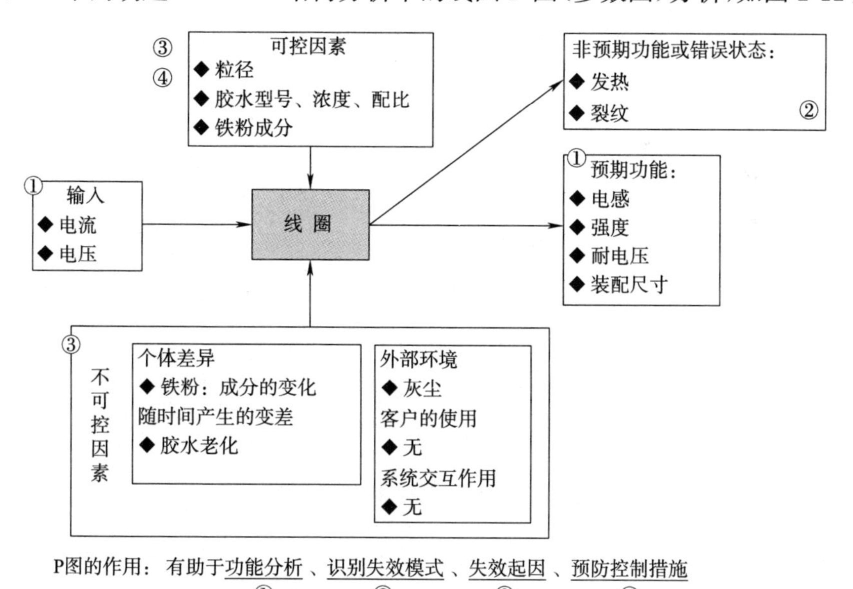

图 2-12　线圈 P 图

P 图（参数图）的填写：仅需列出相关内容的关键词，以作为 DFMEA 分析的输入，与 DFMEA 的对应关系如图 2-12 所示，尤其要明确哪个不可控因素对输出有重大的影响。如果该系统元素在后续的 DFMEA 分析中其 AP 属于高风险项，则应考虑如何将不可控因素转化为可控因素，纳入“步骤六：优化”中的预防措施或探测措施。这是对产品设计的某种程度的突破,需要设计团队进行技术攻关。

功能分析

将前面识别的功能定义和接口矩阵、P图(参数图)的分析结果,利用功能树或功能网的形式展示系统元素功能之间的相互作用就是功能分析。汽车零部件的功能是从整车功能展开至一级供应商,再由一级供应商展开至二级供应商,直到第 n 级供应商。DFMEA项目小组应首先了解客户产品的功能,然后再将该功能连接到项目产品的功能。功能树或功能网就是将功能之间的依赖关系进行梳理和整合。这种依赖关系会反馈到失效链中,如果依赖关系比较复杂,那么失效链的分析也会复杂,则功能树或功能网的可视化就越重要,能帮助DFMEA项目小组快速达成共识。

图2-7所示的3D智能线圈DFMEA结构分析,其功能结构树如图2-13所示。

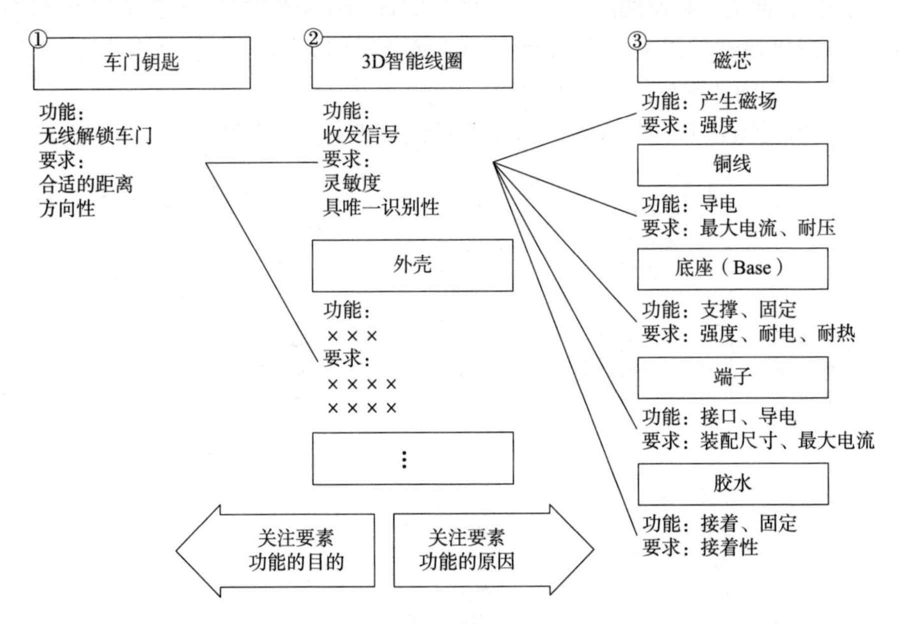

图2-13　3D智能线圈功能结构树

其中②是关注要素的功能和要求描述,①是上一较高级别要素的功能和要求的描述,③是下一较低级别要素的功能和要求的描述。关注要素的功能和要求是服务于上一较高级别要素的功能和要求,下一较低级别要素的功能和要求是服务于关注要素的功能和要求。这样就形成了一个有逻辑关系或依赖关系的功能链,当很多功能链组合在一起时,功能网就形成了。

将图2-13所示的功能树转化为DFMEA表格中的功能分析(步骤三),见表2-7。

表 2-7　3D 智能线圈 DFMEA 功能分析

结构分析（步骤二）		
1. 上一较高级别	2. 关注要素	3. 下一较低级别或特性类型
车门钥匙	3D 智能线圈	磁芯
		铜线
		Base（底座）
		端子
		胶水
	外壳	⋮
	⋮	⋮
功能分析（步骤三）		
1. 上一较高级别功能及要求	2. 关注要素功能及要求	3. 下一较低级别或特性类型功能及要求
功能： 无线解锁车门 要求： 合适的距离 方向性	功能： 收发信号 要求： 灵敏度 具唯一识别性	功能：产生磁场 要求：强度
		功能：导电 要求：最大电流、耐压
		功能：支撑、固定 要求：强度、耐电、耐热
		功能：接口、导电 要求：装配尺寸、最大电流
		功能：接着、固定 要求：接着性
	外壳	⋮
	⋮	⋮

表 2-6 是卷钢 DFMEA 结构分析，此类散装材料的功能分析，如图 2-14 所示。

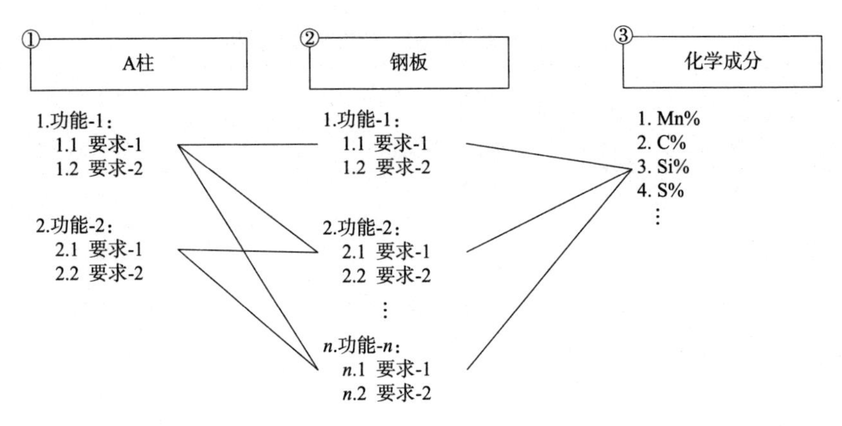

图 2-14　卷钢 DFMEA 功能结构树

将图 2-14 所示的功能树转化为 DFMEA 表格中的功能分析(步骤三),见表 2-8。

表 2-8　卷钢 DFMEA 功能分析

结构分析(步骤二)		
1. 上一较高级别	2. 关注要素	3. 下一较低级别或特性类型
A 柱(客户产品)	卷钢	成分-Fe
		成分-Mn
		成分-C
		成分-Si
		成分-S
		⋮
	⋮	⋮
功能分析(步骤二)		
1. 上一较高级别功能及要求	2. 关注要素功能及要求	3. 下一较低级别功能及要求或特性
1. 支撑功能 1.1 强度 …… 2. 可制造性功能 2.1 焊接要求 2.2 冲压要求 2.3 涂装要求 ……	1. 机械性能 1.1　可成型性(屈服强度、抗拉强度、硬度……) 1.2　抗时效 1.3　抗疲劳 2. 焊接性 2.1　碳当量 2.2　裂纹敏感性 3. 化学稳定性 4. 结构(尺寸、板型):厚、宽、板型 5. 表面质量:铁皮、杂质 6. 氢脆、冷脆 ⋮	Fe%
		Mn%
		C%
		Si%
		S%
		⋮
	⋮	⋮

表 2-8 中的关注要素卷钢的功能分析来自客户的技术要求、国家标准或企业自身的要求；A 柱的功能仅描述与卷钢有关的功能和要求，比如 A 柱的视线要求与卷钢无关，可以不用写入表 2-8 中；下一较低级别已是化学元素级别了，则描述其特性即可，即成分的百分比含量(特性)。

需要特别说明的是，如果下一较低级别要素是零件(如铜线、端子)或材料(胶水)，最好用产品特性或材料特性来替代其功能和要求描述，如铜线的功能和要求可以描述为其产品特性：外径、延伸率、抗拉强度、漆膜厚度等，胶水的功能和要求可以描述为其产品特性：黏度、绝缘、阻燃等级、剪切强度等。这些产品特性一般是物理特性或化学特性，这样在定义失效起因时就更加明确，更加有针对性。如果能将不同层级的系统要素之间的物理特性或化学特性用数学模型表达出来，那就是最优秀的预防措施了。如应用试验设计(Design of Experiment，简称 DOE)将卷钢的机械性能与化学成分 Fe%、Mn%含量百分比等之间的关系建立数学模型。

功能分析时需要回答以下问题：

①是否包含了所有的要求(功能、特性)？

②是否包括了与功能相关的环境和操作条件？

③功能是否被分解成子功能，即各结构层的功能已彼此形成逻辑关联？

DFMEA 实施步骤四：失效分析

DFMEA 失效分析的目的是确定失效起因、失效模式和失效影响，并厘清它们之间的逻辑关系，以便后续的风险分析和优化改进。

汽车行业要求对合同项目所有功能的失效链(包括潜在失效影响、失效模式和失效起因)进行识别和确定，以此确定客户、企业和供应商之间的合作和责任分担。

对于风险不是很高的非汽车行业产品，笔者建议仅对合同项目的重要功能、主要功能或影响其客户满意度的功能进行失效链分析。对于风险比较高的非汽车行业产品，笔者建议还是分析合同项目所有功能的失效链。

失效和失效模式

在进行失效分析前，首先要清楚几个与之有关的定义：

①故障是指系统元素不能以期望的方式运作，或以不期望的方式运作，不管其原因是什么。

②失效是指系统执行规定功能能力的终止。在 FMEA 分析中故障和失效可替换使用。

失效模式是指失效或故障的表现方式。系统元素的失效通常有以下几种类型:

①功能丧失,即无法操作、突然失效,如:泵不能输送液体。

②功能退化,即性能随时间而丧失,如:泵输送的流量不恒定。

③功能间歇,即运行是随机的启动、关闭、启动,如:泵输送功能间歇运行。

④部分功能丧失,即性能丧失;泵输送的流量减少。

⑤非预期功能,即在错误的时间运行、非预期的运行方式,如:泵输送噪声超标。

这意味着独立性能正确的几个系统元素的相互作用对产品或过程产生了不利影响。这将导致产品出现不想要的结果或后果,因此称之为非预期功能,包括由系统交互引起的结果而导致的失效,以及那些客户很难预期到的系统行为。

这些类型的非预期系统行为可能产生严重的威胁和消极后果。例如:

①不要求的操作。雨刮器在没有命令的情况下运行。

②在一个非预期的方向上操作。尽管驾驶员选择了 D 档位,但车辆却向后移动;按下按钮降低电动车窗玻璃时,车窗玻璃却向上移动。

③误操作(无意的)。燃油切断开关应该只在车辆翻转时工作,但当车辆在崎岖的道路上行驶时,开关被激活。

④功能超范围或功能过度(Exceeding function),即超出可接受的阈值的运行。如:泵输送的流量低于公差下限或超过公差上限。

⑤功能延迟,即在非预期的时间间隔后的运行。如:泵启动 1 分钟后才输送液体。

失效或失效模式并不局限于以上几种类型,图 2-15 所示的是失效模式常见的几种类型,描述了要求功能和执行功能之间的关系。

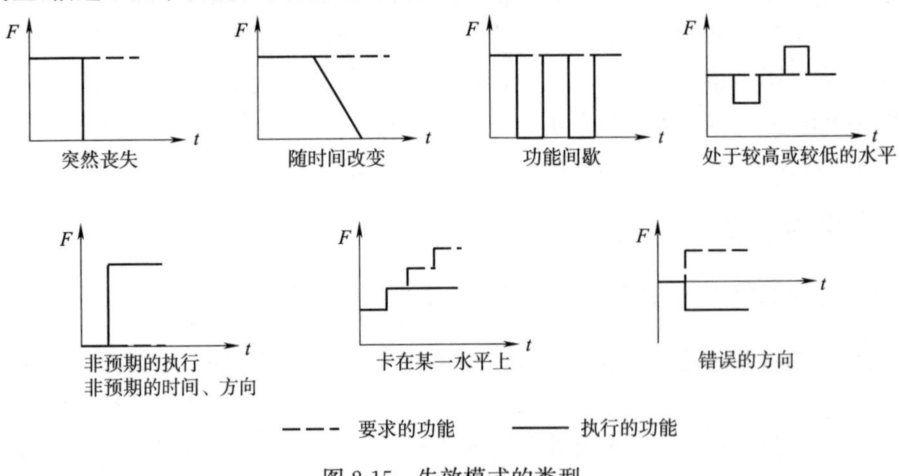

图 2-15　失效模式的类型

与功能一样，DFMEA 项目小组对可能出现的失效要进行精确描述(名词＋动词＋形容词/动词)，并以具体的事实和数据进行量化。失效模式的描述应该使用专业术语，便于其他工程师能明确理解，不产生歧义，类似“坏了”“不工作”“有缺陷”等描述就比较模糊。

一个功能可能会有多项失效，DFMEA 项目小组应尽可能将所有的失效全部识别出来。

失效影响

失效影响是指失效模式产生的后果。

DFMEA 项目小组可以通过回答“如果发生该失效模式，将产生什么后果?”来确定失效影响，例如：

①系统元素的操作、功能或状态?
②车辆的操作、驾驶能力或安全性?
③客户将看到、感觉到或体验到什么?
④是否符合政府的法律法规?

笔者将失效影响分为三个层面：

①局部影响：如果假设的失效模式发生，系统元素中上一更高级别元素的状态(功能或要求)将发生的初始变化。

②扩大影响：如果假定的失效模式发生，引起的比系统元素外的更高一个层级系统的状态(功能或要求)变化。

③最终影响：对外部系统的整体影响，通常与零公里问题或售后问题有关。只有在针对失效模式的计划缓解保护措施也失效的情况下，才可能产生最终影响。

DFMEA 项目小组可以从以下方面来描述每个失效模式的后果：

①对企业交付产品的影响(局部影响)。
②对整车的某个系统、子系统或总成的影响(扩大影响)。
③对车辆整车的影响(最终影响)。
④对驾驶者、乘客或维护人员的操作、体验和安全方面的影响(最终影响)。
⑤对政府法律法规的影响(最终影响)。

注意：P 图(参数图)中的所有错误状态都需要包括在 DFMEA 的失效影响或失效模式栏中。但 P 图中的错误状态可能无法全面描述失效模式的影响。

主机厂要求供应商在进行 FMEA 分析时，失效影响必须考虑到最终影响层级。所以 DFMEA 项目小组应保持与客户项目小组之间的沟通。

失效起因

潜在的失效起因是指设计上存在的缺陷,其后果就是失效模式。DFMEA 项目小组要尽可能地列出每个失效模式的每一个可以想象的失效起因。失效起因应尽可能简洁、完整地描述,以便针对相关的原因进行补救措施(预防和探测措施)。

DFMEA 即能应对设计意图的需求,也考虑了制造/装配的需求,并假定设计将依据制造/装配的意图实现。在制造或装配过程中可能发生的失效模式、失效起因不需要包括在 DFMEA 中。

根据 DFMEA 分析步骤三:功能分析,失效起因源于系统元素中下一较低层级元素的功能或要求的失效,或源于 P 图中的噪音、控制因素的定义不当。具体来说,DFMEA 项目小组可以从以下七种类型中识别失效起因。

①功能性能设计不充分:如,材料选择错误、尺寸定义错误、选错部件、表面粗糙度定义错误、不适当的摩擦、润滑规格选择错误、设计寿命假设错误、算法错误、软件代码错误、不合适的维护指南说明等。

②系统交互作用:如物理接口、流体流动、热源、控制器反馈等。

③随时间变化的理化特性:如腐蚀、疲劳、材料稳定性、蠕变、磨损、化学氧化、电迁移、应力等。

④外部环境条件定义错误:如热、冷、潮湿、振动、道路污垢、灰尘、紫外线、辐射等。

⑤驾驶员操作错误或不当的行为:如换错挡位、错误的踏板踩踏方式、超速、拖拽、加错油料型号、操作过程中的损坏等。

⑥缺乏基于制造的稳健设计:如配合方式选择不当、缺少部件设计特征、由于运输容器的设计导致部件损坏、摩擦或粘接等。

⑦软件问题:如,未定义的状态、不完整的代码测试案例、代码/数据损坏。

DFMEA 并不依赖过程控制来克服潜在的产品设计弱点,但应该考虑制造/装配过程的技术/物理限制,例如:

①表面加工能力的约束。

②装配空间或工装夹具的进出空间。

③工艺能力。

④钢材的硬度极限。

⑤ESD(防静电)控制。

DFMEA 也应该考虑产品维护(服务)和回收阶段的技术/物理约束,例如:

①工具的可获得性。

②故障诊断能力。

③材料分类符号(用于回收)。

失效链和失效分析

DFMEA 的失效分析包括失效影响(FE)、失效模式(FM)和失效起因(FC)三个维度,我们可以把 FE-FM-FC 的逻辑关系称之为失效链。从本质上说,失效影响、失效模式和失效起因都是失效,我们把上一较高级别元素功能的失效定义为失效影响,关注要素功能的失效定义为失效模式,下一较低级别或特性元素功能的失效定义为失效起因。它们之间的逻辑关系,如图 2-16 所示。

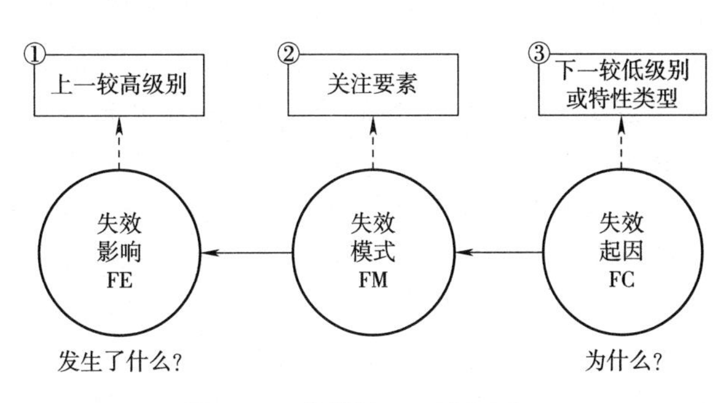

图 2-16　失效链 FE-FM-FC

在使用 AIAG FMEA 第四版的过程中,很多设计工程师为了失效影响、失效模式和失效起因的识别和确定争论不休,可能彼此都没有错,因为他们站的角度不同。一个失效是属于失效影响、失效模式和失效起因中的哪一个,取决于该元素在系统中的结构层级。这也更突显出 DFMEA 步骤二:结构分析的重要性。如果结构分析存在问题点,那么对失效影响、失效模式和失效起因的确定就会存在疑惑。

DFMEA 项目小组在失效分析的过程中,必须清晰地知道其合同项目产品在整车中的结构层级,这对于失效影响、失效模式和失效起因的确定非常重要。

不同层级的供应商 DFMEA 的失效链和失效网之间的关系,如图 2-17 所示。

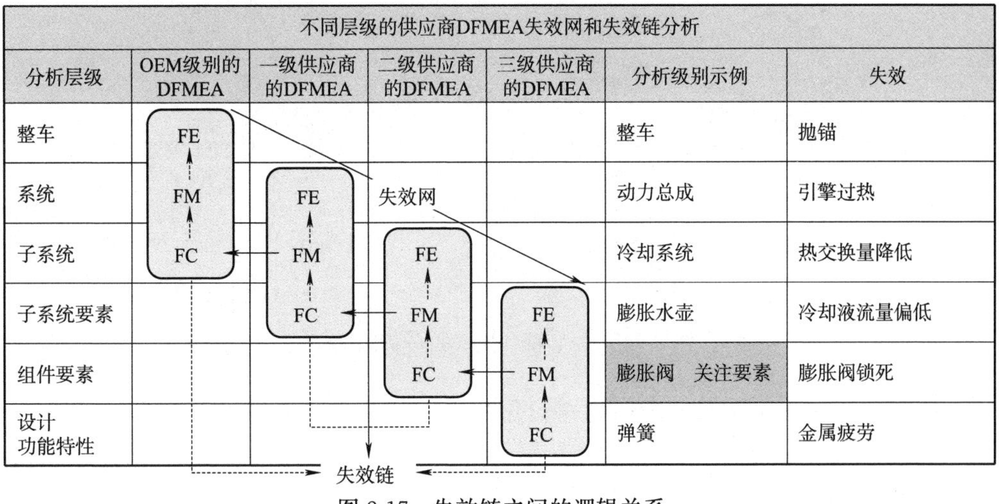

不同层级的供应商DFMEA失效网和失效链分析						
分析层级	OEM级别的DFMEA	一级供应商的DFMEA	二级供应商的DFMEA	三级供应商的DFMEA	分析级别示例	失效
整车	FE				整车	抛锚
系统	FM	FE	失效网		动力总成	引擎过热
子系统	FC	FM	FE		冷却系统	热交换量降低
子系统要素		FC	FM	FE	膨胀水壶	冷却液流量偏低
组件要素			FC	FM	膨胀阀　关注要素	膨胀阀锁死
设计功能特性				FC	弹簧	金属疲劳

失效链

图 2-17　失效链之间的逻辑关系

图中有四条失效链，其中最低层级是膨胀阀(关注要素)的失效链。其失效模式是膨胀阀锁死，该失效模式导致膨胀水壶冷却液流量偏低。对膨胀水壶来说，膨胀阀锁死是失效起因，依此类推，最终会导致整车抛锚(最终影响)。

这四条失效链的交错结构形成失效网。本例中“抛锚”属于售后问题或使用现场失效问题，通过失效网的传递，能将整车抛锚与相应的系统、子系统、组件或零件的失效模式和失效起因建立有因果关系的联系。通过这个思路，主机厂希望将对售后问题和零公里问题的关注，逐层传递到相应的供应商的产品层级，这是整车设计管理和质量管理的整体脉络。供应商的 DFMEA 项目小组在创建 DFMEA 时要重点考虑，公司产品的哪些失效模式会最终导致主机厂产生零公里问题和售后问题，这是供应商设计管理和质量管理的核心点，也是持续改进的优先考虑对象。

汽车是一个技术复杂、工艺复杂和管理复杂的产品，任何一个零件的小问题，最后都有可能酿成安全事故或召回事件。其失败成本非常昂贵。这也是为什么 FMEA 的分析对汽车行业的设计和制造如此重要的原因。

失效分析文件化

根据前面失效链分析的原理，对图 2-18 的失效链分析如图 2-18 所示。

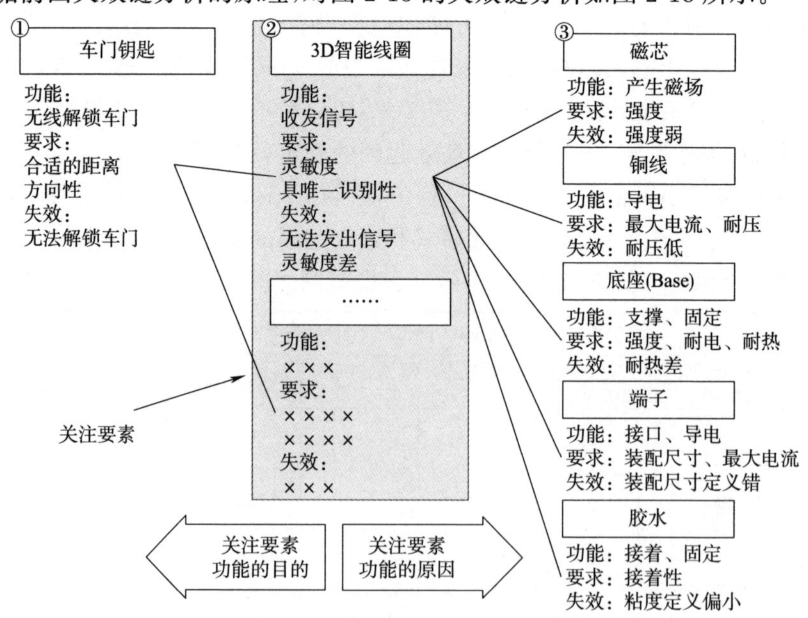

图 2-18　3D 智能线圈失效分析结构树

将图 2-18 所示的失效分析结构树转化为 DFMEA 表格中的失效分析(步骤四)，见表 2-9。

表 2-9 3D 智能线圈 DFMEA 失效分析

结构分析(步骤二)		
1. 上一较高级别	2. 关注要素	3. 下一较低级别或特性类型
车门钥匙	3D 智能线圈	磁芯
		铜线
		底座(Base)
		端子
		胶水
	外壳	⋮
	⋮	⋮
功能分析(步骤三)		
1. 上一较高级别功能及要求	2. 关注要素功能及要求	3. 下一较低级别或特性类型功能及要求
功能: 无线解锁车门 要求: 合适的距离 方向性	功能: 收发信号 要求: 灵敏度 具唯一识别性	功能:产生磁场 要求:强度
		功能:导电 要求:最大电流、耐压
		功能:支撑、固定 要求:强度、耐电、耐热
功能: 无线解锁车门 要求: 合适的距离 方向性	功能: 收发信号 要求: 灵敏度 具唯一识别性	功能:接口、导电 要求:装配尺寸、最大电流
		功能:接着、固定 要求:接着性
	外壳	⋮
	⋮	⋮
失效分析(步骤四)		
1. 对于上一较高级别要素和/或最终用户的失效影响(FE)	2. 关注要素的失效模式(FM)	3. 下一较低级别或特性类型的失效起因(FC)
无法解锁车门 解锁需要的距离过远或过近 ⋮	无法发出信号 灵敏度差	强度弱
		耐压低
		耐热差
		装配尺寸定义错
		黏度定义偏小
	外壳	⋮
	⋮	⋮

结构分析、功能分析和失效分析完成后,DFMEA 项目小组可以构建一个如图 2-19 所示的风险网。该风险网从产品角度分为三个层级:结构层、功能层和失效层;从供应链角度也分为三个层级:客户层、企业层和供应商层。这两个角度共形成九个控制节点,能帮助 DFMEA 项目小组捕获到更多的信息逻辑关系,自然就能管理更多的产品风险。

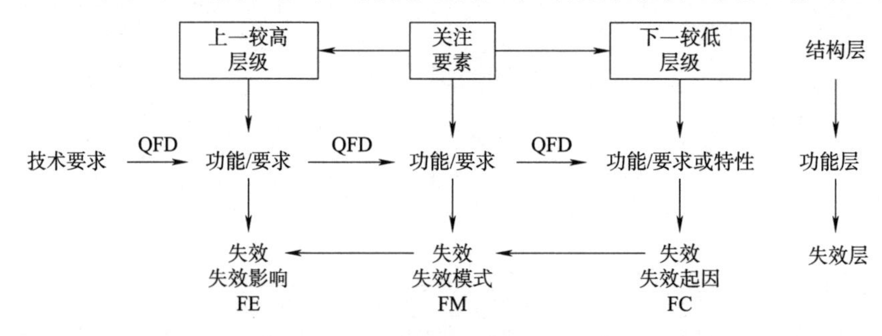

图 2-19　风险网(结构层→功能层→失效层)的构建

图 2-19 所示的风险网中的核心位置是关注要素。DFMEA 项目小组在着手启动 DFMEA 分析时,策划阶段就要明确关注要素,即针对系统元素中的哪个元素进行 DFMEA 分析,然后根据产品的爆炸图或 BOM 等资料,将上一较高层级和下一较低层级梳理清楚。此为 DFMEA 项目的结构层,它属于硬件结构,具有可见性。关注要素一般是企业的交付产品,上一较高层级一般是客户端产品或其他汽车产品,下一较低层级一般是供应商的产品或企业自制的零件。

在新产品导入项目管理中,项目小组首先拿到的是客户的技术要求、图纸等技术文件。客户的技术要求最终是源于整车的技术要求,项目小组据此编写项目产品的技术要求,然后将该要求传递给供应商或零件层级。这些技术要求的细节逻辑可以用质量功能展开 QFD 工具进行分析和梳理,最终形成功能层。这一层是不可见的,它存在于相同团队的经验和技能中。功能和要求体现了客户、企业和供应商产品的技术含量,以及这些技术之间的约束或依赖关系。风险结构树分析的目的是要将这些关系和约束可视化,帮助 DFMEA 项目小组更好地进行内部沟通和外部沟通(客户、供应商及其他零件制造企业)。

笔者将失效层定义为用户体验层,即失效如何影响客户、企业和供应商产品的制造和使用体验。失效影响 FE 是对客户制造过程人员、车辆使用者、维护人员相关体验的负面描述;失效模式 FM 是对企业制造过程人员相关体验的负面描述;失效起因 FC 是对供应商制造过程人员和企业制造过程人员相关体验的负面描述。功能和要求的描述越准确、细致和全面,失效的定义就越准确和全面,后续的预防措施和探测措施就越有针对性和可执行性。

DFMEA 实施步骤五:风险分析

风险分析的目的是评估严重度、发生频率和探测度的评分来估计风险的等级,借此梳理现行的设计控制措施(Design Controls)是否完整以及有效性如何。现行的设计控制措施是基于以前类似设计创建的,其有效性已被验证。

设计控制措施分为两种:预防措施和探测措施,如图 2-20 所示。

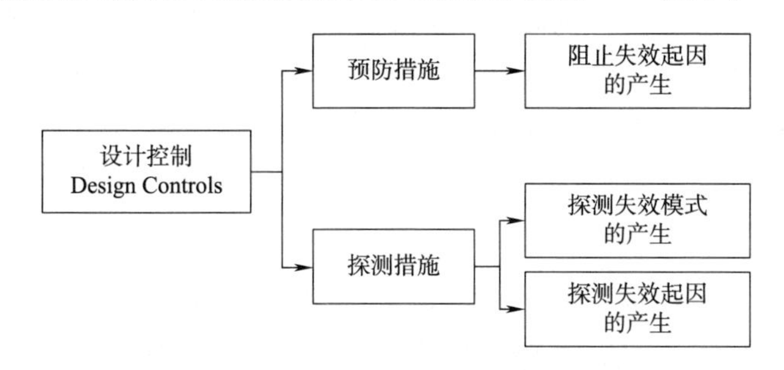

图 2-20　设计控制措施的分类

预防措施是针对失效起因采取措施,阻止失效起因在产品生命周期内的发生。探测措施是针对失效模式和失效起因采取措施,在设计冻结之前将失效模式或将失效起因探测出来。

当前预防措施

当前预防控制措施描述了如何使用现有的或计划中的活动来阻止或减少失效起因的发生。根据笔者的经验,预防措施可以分为以下六种类别:

(1)设计防错

防错法是指通过对产品设计和制造过程的控制来防止失效的产生。防错法则最早应用于汽车制造领域中,丰田汽车的 IE 之父新乡重夫先生于 20 世纪 60 年代创造了这个理念。该概念重点阐述了防错法则的六项基本原则和十项应用原理。比如在汽车线束设计时,可以运用结构防错、零件防错、颜色防错、尺寸防错、接口防错及其他综合防错设计,确保汽车线束的制造过程和主机厂的装配过程不发生错误。

设计防错有六个原则或方法。这些原则或方法是按照从根本上解决错误的优先顺序列出的。

①消除原则:寻求通过重新设计产品或流程来消除错误的可能性,使任务或零件不再需要。例如:产品简化或部件合并,避免了部件缺陷或装配错误。

②替换原则:用更可靠的设计或过程取代现有的,以提高一致性。例如:使用自动化技术来防止手工装配错误;使用自动分配器或涂抹器来确保正确的材料用量,如黏合剂。

③预防原则:将产品或过程设计成根本不可能出错。例如:限位开关确保零件在加工前被正确放置或固定;零件特征只允许以正确的方式组装,独特的连接器避免错接线束或电缆,零件的对称性避免了错误的插入。

④便利原则:采用技术和结合步骤,使工作更容易执行。例如:视觉控制,用颜色编码、标记或标注零件,以方便正确的装配;夸大产品的不对称性,以方便零件的正确方向;提供所有零件都已装配的视觉控制的暂存盘,定位零件上的特征。

⑤检测原则:包括在进一步的加工发生之前识别错误,以便用户能够迅速纠正问题。例如:生产过程中的传感器,用于识别零件的错误组装,产品的内置自检功能。

⑥缓解原则:旨在尽量减少错误的影响。例如:防止短路导致的电路过载的保险丝;当发现错误时,设计有低成本、简单的返工程序的产品;产品中额外的设计余量或冗余来补偿错误的影响。

理想情况下,防错应该在新产品的开发过程中考虑,通过对产品和过程的设计(消除、替换、预防和便利)来最大限度地增加防错的机会。一旦产品设计冻结,过程已确定,防错的机会就比较有限(预防、便利、检测和缓解)。

(2)DFM/DFA(面向制造的设计/面向装配的设计)(Design for Manufacturing,简称 DFM;Design for Assembly,简称 DFA)分析

DFM/DFA 是一种设计方法,其主要思想是:在产品设计时既要考虑功能和性能要求,又考虑制造的可行性、高效性和经济性。其目标是在保证质量的前提下缩短周期、降低成本。在这种情况下,潜在的产品和制造性问题能够及早暴露出来,避免了很多设计返工。

DFM 是为便于制造而设计零件、部件或产品的过程,其最终目标是以较低的成本制造出更好的产品。这是通过简化、优化和细化产品设计来实现的。DFM 分析可以从以下五个方面进行:

①工艺:所选择的制造工艺必须是适合该零件或产品的正确工艺。在确定制造工艺时,DFM 应考虑零件的数量、使用的材料、表面的复杂性、所需的公差以及是否需要二次加工。

②设计:零件或产品的实际图纸必须符合良好的制造原则。例如,塑胶成型产品的设计,以下原则适用。恒定的壁厚,这样可以使零件的冷却速度一致且快速;壁厚应从厚到薄的简单过渡;壁厚不要太薄,否则会增加成型压力;设定最宽松的公差等。

③材料:选择合适的材料。DFM 应考虑材料的机械性能、光学性能、热性能、颜色、电气性能、易燃性等。

④环境:产品必须能够承受它的运行环境带来的影响。

⑤合规性和可测试性:产品必须符合法律法规的要求和客户的质量标准。

常用的 DFM 设计准则主要有:简化零件的形状;尽量避免切削加工,因为切削加工成本高;选用便于加工的材料;尽量设置较大的公差;采用标准件与外购件;减少不必要的精度要求等。

DFA 把产品的可装配性分为三层,即产品层、零件层和特征层。产品层主要考虑零件之间的装配关系,如减少零件数和减少装配关系数。零件层主要考虑零件本身的装配性,如零件结构形状、对称性、外形规则性、零件重量、装配方向、装配工具、装配力、装配时间和成本等。特征层主要考虑特征本身的装配性,特征形状的对称性和装配导引性,如特征的倒角和倒圆。

产品的可装配性可分解为在一定装配顺序下,对每个零件的可装配性评价。其评价指标主要包括以下方面:

①零件重量。重量越大可装配性越差。

②装配力。装配力越大装配性越差,装配力可由配合的过盈量用公式求出。装配力与配合直径、配合长度、零件的弹性模量、包容件外径、被包容件内径、泊松比和过盈量等因素有关。

③配合长度。根据配合长度,确定模糊评价值。

④装配时间。对各种装配操作(拿取和插入)需要的时间,可以根据虚拟装配过程来测算拿取时间和插入时间或根据工业工程 IE 的动作研究来评估装配时间。

⑤配合精度。根据配合精度等级和公差值的大小,确定模糊装配难度。

有些因素需要基于装配专家的经验进行评价,再进行定量分级处理,以系数(0 或 1)表示可装配性(系数越大表示可装配性越差)。

①结构系数:反映零件结构对装配性的影响,值越大装配性越差,经验确定评价值。

②规则系数:反映零件的规则程度,经验确定评价值。

③对称系数:反映零件的对称程度。

④装配方向:根据经验给定评价值(0 或 1),0 表示轴向,1 表示径向。

⑤装配工具:根据经验给定评价值(0 或 1),0 表示不用装配工具,1 表示需用专用设备装配。

国内企业应用 DFM/DFA 比较晚,但这几年越来越多的企业认识到 DFM/DFA 对产品设计和制造的重要性,甚至可以这么说,一个不懂应用 DFM/DFA 方法的工程师,就是一个不合格的工程师。DFMEA 项目小组应将 DFM/DFA 视为重要的预防措施,条件许可的话,可以引入专业的分析软件工具,提升分析的有效性和效率。

(3)数学模型计算(理论公式或经验公式)

汽车整车的研发是一个很复杂的系统工程,甚至需要上千人花费几年的时间才能完成。一辆汽车从研发到投入市场一般需要 2～4 年的时间,其间需要进行大量的结构分析、材料分析、力学分析等。在完成造型设计后,开始进入工程设计阶段。工程设计是一个对整车进行细化设计的过程,这中间会涉及大量的数模构建工作。

汽车零部件的设计同样需要进行数学计算,只是这个工作量可能比整车的数学计算量少很多。数学模型的构建有两个来源,一个是在教科书或专业书籍上可以找到的理论公式,这些公式已被验证,对企业来说就是如何提高计算效率和降低计算成本,即将该计算过程标准化或软件化以提高计算效率和降低成本;另一个来源是企业自己开发的数学模型(笔者称之为经验公式),这是企业的技术诀窍。高技术的产品应该有自己独特的经验公式。

根据不同的整车开发阶段和应用目的,汽车零部件的数据发布分为 TG0、TG1 和 TG2 三个节点。

TG0(Tool Go 0):粗略的三维数学模型,表明零件在整车位置上的基本外形和尺寸。数模包含有主要的特征、边缘和界面,以及中心线(线束和管状物),可用于零部件定点。TG0 数据用于招标。

TG1(Tool Go 1):数学模型包含所有零件界面,过渡面和紧固件孔和位置,可用于手工样件和软模制造。

TG2(Tool Go 2):最终的三维数学模型,表明了在整车位置上完整的零件设计意图。该数据可用于正式模具和零件制造。TG2 数据是最终冻结状态的产品数据。

DFMEA 项目小组在 TG1 数据和 TG2 数据发布前,应完成相应的 DFMEA 版本更新。

这些数据的计算应该是基于行业或企业自己制定的标准,比如大众的 RPS 系统(VW01055)就是规定一些从开发到制造、检测直至批量装车各个环节所涉及的工程人员共同遵循的定位点及公差要求,对产品的尺寸计算起到重要的预防作用。

产品和工程设计中最常用的一种计算就是工程设计中的计算机辅助工程(Computer Aided Engineering,简称 CAE)分析。它应用软件求解分析复杂工程和产品的结构力学性能,以及优化结构性能等,把工程的各个环节有机地组织起来,其关键是将有关的数据集成。CAE 软件系统可作静态结构分析、动态分析;研究线性、非线性问题;分析结构(固体)、流体、电磁等。

应用 CAE 软件对产品进行性能分析和模拟时,一般要经历以下三个过程:

①前处理:给实体建模与参数化建模,构件的布尔运算,单元自动剖分,节点自动编号与节点参数自动生成,载荷与材料参数公式参数化导入,节点载荷自动生成,有限元模型信息自动生成等。

②有限元分析:有限单元库,材料库及相关算法,约束处理算法,有限元系统组装模块,静力、动力、振动、线性与非线性解法库;将大型通用的物理、力学和数学特征,分解成若干个子问题,由不同的有限元分析子系统完成。如线性静力分析子系统、动力

分析子系统、振动模态分析子系统、热分析子系统等。

③后处理:根据工程或产品模型与设计要求,对有限元分析结果进行用户所要求的加工、检查,并以图形方式提供给用户,辅助用户判定计算结果与设计方案的合理性。

(4)定义材料标准/零件标准

一辆汽车是由成千上万个零部件组成的,每一个零件都可以选择使用差异化的材料(或材料大类相似但牌号不同)。汽车零部件的基础性材料主要包括钢铁、有色金属、电子元器件、塑料、橡胶、木材、玻璃、陶瓷、皮革等。汽车行业通常采用国际材料数据系统(International Material Data System,简称IMDS)和中国汽车材料数据系统(China Automotive Material Data System,简称CAMDS)来管理,已登记的零件数量(含材料)已到几十万种。材料的选择高度影响产品的质量、工艺、成本、可靠性等。

汽车用的金属和非金属材料、零部件必须要符合法律法规、产业政策、技术政策和标准的要求。其中标准又分为:国际标准、国家标准(强制性和推荐性)、地方标准、行业标准和企业标准。

截至2020年1月14日,国家标准化管理委员会已批准发布的汽车(含摩托车)强制性国家标准共136项。其中,适用于乘用车的强制性国家标准共69项,见表2-10。

表2-10 乘用车强制性标准分类

编号	名称
主动安全(22项)	
GB 4599—2007	汽车用灯丝灯泡前照灯
GB 5920—2019	汽车及挂车前位灯、后位灯、示廓灯和制动灯配光性能
GB 4785—2019	汽车及挂车外部照明和光信号装置的安装规定
GB 17509—2008	汽车及挂车转向信号灯配光性能
GB 21259—2007	汽车用气体放电光源前照灯
GB 23255—2019	机动车昼间行驶灯配光性能
GB 25991—2010	汽车用LED前照灯
GB 4660—2016	机动车前雾灯配光性能
GB 19151—2003	机动车用三角警告牌
GB 18408—2015	汽车及挂车后牌照板照明装置配光性能
GB 15235—2007	汽车及挂车倒车灯配光性能
GB 11554—2008	机动车和挂车用后雾灯配光性能
GB 18409—2013	汽车驻车灯配光性能
GB 11564—2008	机动车回复反射器
GB 9743—2015	轿车轮胎

续表

编　　号	名　　称
GB 26149—2017	乘用车轮胎气压监测系统的性能要求和试验方法
GB 36581—2018	汽车车轮安全性能要求及试验方法
GB 17675—1999	汽车转向系基本要求
GB 18099—2013	机动车及挂车侧标志灯配光性能
GB 16897—2010	制动软管的结构、性能要求及试验方法
GB 5763—2018	汽车制动器衬片
GB 21670—2008	乘用车制动系统技术要求及试验方法
被动安全(18 项)	
GB 8410—2006	汽车内饰材料的燃烧特性
GB 26134—2010	乘用车顶部抗压强度
GB 18296—2019	汽车燃油箱安全性能要求和试验方法
GB 20072—2006	乘用车后碰撞燃油系统安全要求
GB 15083—2019	汽车座椅、座椅固定装置及头枕强度要求和试验方法
GB 11550—2009	汽车座椅头枕强度要求和试验方法
GB 27887—2011	机动车儿童乘员用约束系统
GB 15086—2013	汽车门锁及车门保持件的性能要求和试验方法
GB 7063—2011	汽车护轮板
GB 14166—2013	机动车乘员用安全带、约束系统、儿童约束系统 ISOFIX 儿童约束系统
GB 14167—2013	汽车安全带安装固定点、ISOFIX 固定点系统及上拉带固定点
GB 20071—2006	汽车侧面碰撞的乘员保护
GB 11557—2011	防止汽车转向机构对驾驶员伤害的规定
GB 17354—1998	汽车前、后端保护装置
GB 11551—2014	汽车正面碰撞的乘员保护
GB 11566—2009	乘用车外部凸出物
GB 11552—2009	乘用车内部凸出物
GB 9656—2003	汽车安全玻璃
一般安全(18 项)	
GB 11555—2009	汽车风窗玻璃除霜和除雾系统的性能和试验方法
GB 15085—2013	汽车风窗玻璃刮水器和洗涤器性能要求和试验方法
GB 15084—2013	机动车辆间接视野装置性能和安装要求
GB 30509—2014	车辆及部件识别标记
GB 19239—2013	燃气汽车专用装置的安装要求

续表

编　号	名　称
GB 32087—2015	轻型汽车牵引装置
GB 15740—2006	汽车防盗装置
GB 4094—2016	汽车操纵件、指示器及信号装置的标志
GB 15082—2008	汽车用车速表
GB 7258—2017	机动车运行安全技术条件
GB 1589—2016	道路车辆外廓尺寸、轴荷及质量限值
GB 16737—2019	道路车辆 世界制造厂识别代号(WMI)
GB 16735—2019	道路车辆 车辆识别代号(VIN)
GB 15742—2019	机动车用喇叭的性能要求及试验方法
GB 15741—1995	汽车和挂车号牌板(架)及其位置
GB 11568—2011	汽车罩(盖)锁系统
GB 11562—2014	汽车驾驶员前方视野要求及测量方法
GB 24545—2019	车辆车速限制系统技术要求及试验方法
环保与节能(11 项)	
GB 18352.5—2013	轻型汽车污染物排放限值及测量方法(中国第五阶段)
GB 18352.6—2016	轻型汽车污染物排放限值及测量方法(中国第六阶段)
GB 3847—2018	柴油车污染物排放限值及测量方法
GB 18285—2018	汽油车污染物排放限值及测量方法(双怠速法及简易工况法)
GB 1495—2002	汽车加速行驶车外噪声
GB 19578—2014	乘用车燃料消耗量限值
GB 27999—2019	乘用车燃料消耗量评价方法及指标
GB 14023—2011	车辆、船和内燃机　无线电骚扰特性　用于保护车外接收机的限值和测量方法
GB 34660—2017	道路车辆电磁兼容性要求和试验方法
GB 22757.1—2017	轻型汽车燃料消耗量标识　第 1 部分:汽油和柴油汽车
GB 22757.2—2017	轻型汽车能源消耗量标识　第 2 部分:可外接充电式混合动力电动汽车和纯电动汽车

2020 年 5 月 12 日,工业和信息化部组织制定的 GB 18384—2020《电动汽车安全要求》、GB 38032—2020《电动客车安全要求》和 GB 38031—2020《电动汽车用动力蓄电池安全要求》三项强制性国家标准,由国家市场监督管理总局、国家标准化管理委员会批准发布,于 2021 年 1 月 1 日实施。

《电动汽车安全要求》主要规定了电动汽车的电气安全和功能安全要求,增加了电池系统热事件报警信号要求;强化了整车防水、绝缘电阻及监控要求,以降低车辆在正常使用、涉水等情况下的安全风险;优化了绝缘电阻、电容耦合等试验方法,以提高试验检测精度,保障整车高压电安全。

《电动客车安全要求》针对电动客车载客人数多、电池容量大、驱动功率高等特点,在《电动汽车安全要求》标准基础上,对电动客车电池仓部位碰撞、充电系统、整车防水试验条件及要求等提出了更为严格的安全要求,增加了高压部件阻燃要求和电池系统最小管理单元热失控考核要求,进一步提升电动客车火灾事故风险防范能力。

《电动汽车用动力蓄电池安全要求》在优化电池单体、模组安全要求的同时,重点强化了电池系统热安全、机械安全、电气安全以及功能安全要求,试验项目涵盖系统热扩散、外部火烧、机械冲击、模拟碰撞、湿热循环、振动泡水、外部短路、过温过充等;特别是标准增加了电池系统热扩散试验,要求电池单体发生热失控后,电池系统在 5 分钟内不起火不爆炸,为乘员预留安全逃生时间。

欧美等国家也针对汽车及其零部件制定了大量的本国国家标准和行业标准,以日本汽车标准为例,其标准分为三个级别:

①国家级标准。日本工业标准(Japanese Industrial Standard,简称 JIS),其中 D 类为汽车标准

②行业标准。日本汽车标准(Japanese Automotive Standard Organization,简称 JASO)

③企业标准。

有关汽车的 JIS 标准,见表 2-11。

表 2-11 JIS 汽车标准分类

标准类型	主要内容(标准数量)
基础标准	术语、符号(13) 整车一般要求(13)
试验、检验、测量标准	整车(25) 发动(19) 部件及装置(27)
发动机及其部件标准	(18)
底盘与车身标准	动力传送、转向、悬架系统(6) 制动(12) 车轮及轮胎(12) 牵引车与挂车连接装置(7) 挡风玻璃、安全带及固定点、座椅、头枕、后视镜(11)

续表

标准类型	主要内容(标准数量)
车辆电气系统标准	一般要求(15) 照明信号装置(5) 仪表、喇叭报警器、开关、继电器等部件(27)
通用部件标准	(9)
材料、燃料、润滑油及排放测量仪器	(10)
摩托车标准	(19)

有关汽车的日本 JASO 标准,见表 2-12。

表 2-12　JASO 标准分类

标准类别	代码	主要内容	标准数目
车身标准车、挂车和特种车,术语与符号	B	基础标准,车身结构,机械部件,燃油箱,安装部件,载货牵引车、挂车和特种车,术语与符号	18
底盘标准	C	基础标准,离合器,变速器(含自动变速器),行驶装置,制动,悬架,术语与符号	74
电气设备标准	D	基础标准,点火与起动装置(含蓄电池),照明部件,仪表,开关,附加部件,电气线路,术语与符号	28
电机与发动机标准	E	基础标准,行驶部件,供油装置(包括喷射装置),润滑装置,冷却装置,排气与净化装置,进排气管路,术语与符号	31
机械元件标准	F	基础标准,螺钉与其他紧固件,垫圈,密封件,术语与符号	35
材料与表面工艺标准	M	基础标准,钢铁材料,非金属材料,化工材料,纺织材料,陶瓷材料,表面工艺,术语与符号	61
摩托车标准	T	基础标准,车身,车架,电气部件,电机和发动机,术语与符号	24
其他标准	Z	基础标准,通用试验方法,维修,术语与符号	26

就产品实现而言,标准化的对象是:材料、零件、工作流程(含职责分配和约束)、工作规范和产品。通过标准化的流程或活动所形成的标准,是企业最高知识的结晶,能最大限度地减少由于个人能力和习惯的差异带来的产品失效。

DFMEA 项目小组在制定预防措施时,应尽可能引用相应的法规或标准,只要条件许可都应将其转化为相应的企业标准。在笔者的培训和咨询工作中,遇到过很多不愿实施这种转化工作的企业,他们一般认为何必花时间去转化,直接使用一样很方便。其实不然,转化的过程是一个评估的过程,可以帮助企业了解自己与标准的差距,与客户要求的差距,与竞争对手的差距。如果这些差距会导致新项目产生失效,则 DFMEA 小组要制定相应的预防措施,即对现有的标准进行更新或修订,以此来杜绝产品失效的发生。

比如丰田汽车就严格要求对零件的功能和结构实施标准化,并对设计工作提出相应的五个义务:

①新技术必须以标准结构进行文件化。

②新车设计时,必须参照标准结构。

③以标准结构为基础,尽量使车型精简化。

④当标准结构不能满足要求时,针对其不能满足的原因实施改进措施,再提出新的标准结构,更新相应的标准化文件。

⑤设计部门的主管必须按以上义务管理设计工作。

(5)设计规范/手册

设计规范/手册是指设计的程序包含设计结果是否符合要求判定基准的文件,它是设计工程师的作业指导书,是工程师工作方法的标准化;通俗地讲就是设计攻略,能有效帮助工程师的设计成果符合产品标准和测试标准。

企业的设计规范一般分为三个层次:一是公司级别的设计规范,主要是对公司整体产品的功能、用户体验、结构、选材、接口标准等方面的规范;二是产品线的设计规范,主要是在遵照第一个层次基础上对该产品线上的产品制定统一的用户体验、功能、结构、选材、接口标准等方面的规范;三是具体某个产品的设计规范,主要是为该产品制定统一的功能、用户体验、结构、选材、接口标准等方面的规范。

设计规范也可以根据工程师的职能进行分类,如:产品设计规范、系统设计规范、模块设计规范、组件设计规范、零件设计规范等。电子工程师通常要有一份《元器件选型手册》《EMC 设计规范》;机械工程师要有一份《机械设计手册》;模具工程师要有一份《模具设计规范》等。

DFMEA 项目小组在制定预防措施时,应考虑引用或创建哪些设计规范/手册。标准是理想的结果,设计规范/手册是过程,是方法论。过程如果有问题或不一致,结果就会有偏差,最后产品就会产生失效。

(6)产品数据库

设计工程师在产品设计过程中,不可避免地要与各种数据打交道,帮助工程师进行数学模型计算,创建产品标准、创建设计规范/手册。数据根据来源可以分为原始数据和加工后的数据(也可称为信息),如发动机设计需要燃料油品和金属材料的各种数据;座椅设计需要人体结构的各种数据;轮胎设计需要路况、气候等各种数据等。几乎所有零部件的设计都离不开对某种数据的需求。

有些数据可以通过公开的渠道或购买的方式获取；有很大一部分数据是私密的，为某个企业所独有，是非共享的。企业应该根据自己产品设计的需求决定创建哪些类型的数据库，以及数据库的结构，累积数据量。

DFMEA项目小组在制定预防措施时，应针对失效起因引用或收集哪些数据呢？不同公司的设计流程或不同设计工程师的能力差异或许不大，但如果获取的数据差异很大，其工作结果的差异将非常巨大。

也有越来越多的企业开始引入产品数据管理（Product Data Management，简称PDM）软件系统，对产品设计并行工程中的人员、工具、设备资源、产品数据及数据生成过程进行全面管理。PDM是基于分布式网络、主从结构、图形化用户接口和数据库管理技术发展起来的一种软件框架（或数据平台）。

PDM系统主要应对以下挑战：

①数据规模的急剧膨胀。整车涉及的零件数以万计，产生的数据是海量级的，管理难度非常大。零件设计涉及的数据量要少，如果出现管理失误，损失也是巨大的。

②数据的标准化与共享。不同的数据格式，会带来沟通上的障碍或低效。

③数据的时效性。产品开发和生产过程中，数据的变化是永恒的、经常性的。工程师必须获得最新的数据，才能共同作出正确的决策。

④产品定义管理。面对复杂的产品开发任务，设计团队希望能够在产品开发过程中对产品的结构有一个清晰、形象的描述，了解产品结构和数据之间的物理和逻辑关系，能够管理产品和控制结构中每一个子项的版本。这样的产品定义应该满足人们对产品结构的一般认识规律，由全局到局部，由产品到各个具体零件。

如果企业不具备应用PDM系统的条件，也应该构建相应的产品或零件设计所需要的数据库。

以上六类预防措施，是企业产品开发流程的基础，也是产品知识的集成和结晶。笔者称其为产品开发的血液或细胞，产品开发流程和项目管理流程笔者称之为血管，工程师的技能笔者称之为营养成分。养分会随时间而消耗，故工程师要持续学习；时间久了血管会堵塞，故要定期清理梳理；血液或细胞也会过时、老死，故要吐故纳新。如此才能保持企业的健康运行，确保产品持续满足市场和客户的需求。

当前探测措施

当前探测控制措施描述了如何使用现有的或计划中的活动来发现失效起因已经发生；或将失效模式在量产前探测出来。根据笔者的经验，探测措施可以分为以下四种类别：

(1)设计评审

设计评审是评价设计满足客户要求的能力,识别问题及提出解决方案。产品项目团队按事先确定好的评审计划和评审查检表(Checklist)实施,它是一种探测性检查工具,目的是将设计向更成熟的方向推动,及时发现设计中的潜在缺陷,降低决策风险。

丰田汽车将设计评审视为产品开发过程的核心内容之一,产品开发整个过程中的每一项功能活动都使用一系列评审查检表来指导决策过程。查检表可以用来制定过程的重要步骤(过程查检表),也可以用来给产品设计提供细节要求,作为工程师的指导原则(产品查检表)。这些都是由第一手的经验得来,并定期更新,验证之后再在查检表中添加新数据和新方法。

- 设计评审的价值

很多人认为设计评审的目的是找设计的毛病、错误,导致对设计评审持负面态度,进而产生抗拒行动。这其实是非常错误的观念。正确的设计评审可以帮助产品项目团队实现以下目标或价值:

①审核设计目标。确认现行的设计方案能否满足设计输出或设计目标的要求,是否存在设计方案与设计目标的偏差状况。

②评价设计的有效性或挖掘设计亮点。确认现行的设计方案中哪些是非常有效的,或者是独特的、创新性的,哪些部分是有问题的,哪些是导致失效的起因。

③共享信息。设计评审中来自不同专业领域的反馈可以给工程师提供新的思路和角度,让他们可以应对在某个设计过程中遇到的瓶颈问题,确保设计团队的一致性和协作性。

④激发创意。设计评审中的反馈可以帮助工程师充分了解自己的设计方案,了解后续还可以有哪些潜力可以挖掘。评审中的碰撞可以激发更多更优的设计方案。

- 设计评审的时机及内容

设计评审贯穿整个产品设计过程,其不同的阶段,有不同的评审内容和评审负责人。表2-13所示的评审阶段、评审内容、责任人,供参考。

表2-13 设计评审的阶段与核心内容

阶段	评审主要内容	相关文件	责任人
DR1 产品需求和概念评审	目标客户及市场规模 产品所处于的生命周期与替代技术发展 预期的经济效益 客户现场所使用的环境 企业配套技术的完整性 竞争分析 资源需求 技术、商业风险	客户技术要求 产品开发任务书	公司高层 市场部 项目经理

续表

阶　段	评审主要内容	相关文件	责任人
DR2 需求分解和产品规格评审	技术标准和要求(国标或行业标准) 企业标准 产品规格 产品目标成本 预计开发周期 制造、组装、设备和场地	客户技术要求 新产品开发计划书	项目经理 技术部 市场部
DR3 总体方案评审	系统设计(原理、结构、配件及包装等整体设计) 零件的外购或自制 产品符合性设计(规格、安全、电磁、环保)	外观图、原理图、结构图 开发进度计划 技术标准文件	技术部 项目经理
DR4 模块/子系统评审	模块、零部件规格及供应计划 关键零部件的验收标准 关键工艺流程 生产设备、工装及检具的规格需求 样机物料采购计划 供应商物料承认计划	模块、零部件图纸 各类技术文件	项目经理 技术部 工程部 采购部
DR5 样机评审	样机的装配及调试 样机的测试方案与测试报告 客户送样承认要求与计划 工艺流程 产品成熟度验证	零件承认书 测试方案及报告 样机 问题清单	项目经理 质量部
DR6 量产准备评审	各类工艺文件(含记录) 标准工时与产能 生产设备、工装及检具的验收 生产场地布局与物流 标准成本与目标成本 质量检测指导书及表格 产品可靠性验证 产品验证 员工培训	控制计划 生产指导书 检测指导书 各类测试报告 评审报告	项目经理 生产部

设计评审的时机和评审内容,应能反应产品项目的进展和产品的成熟度。DFMEA 项目小组可以将设计评审视为重要的探测措施之一,通过评审来探测产品可能存在哪些失效以及原因为何。

设计评审应该是产品开发流程阶段质量阀的入口管理,如果超出规定的允许范围,流程就不能继续往前推进,必须停下来解决相应的偏差。

- 设计评审查检表

设计评审所用的资料太多会增加评审人员的负担,所以要将核心资料整理成设计评审查检表,将不可或缺的评审内容纳入清单。如:要求功能、质量特性、有关的法律法规、规格、标准、过去的问题清单、开发进度等。这些查检表原则上要与设计规范/手册配套使用,对设计方案和结果进行评审。

DFMEA 项目小组在创建设计评审查检表时,应考虑将 DFMEA 的内容(结构分析、功能分析、失效分析)纳入查检表中。

(2)设计验证试验

验证是通过提供客观证据对规定要求已得到满足的认定,所需要的客观证据可以是检验结果或其他形式的确定,如:变换方法进行计算或文件评审。

设计验证的目的是检查设计输出是否满足设计输入的规定要求,是从设计团队的角度来评估产品。如:产品的图纸完成后,制作手工样件来评估实际的产品是否满足设计输入的要求(某次试验可以只验证一部分输入)。在设计验证中如果发现问题则说明设计的方法有问题。比如:结构定义错误。

在汽车行业,设计验证试验(Design Verification,简称 DV)一般是在 TG1 数据冻结后实施,通常使用手工件或软模件,对前期设计的结构、材料和性能进行综合测试评估,同时发掘设计过程中存在的问题点,并提出相应的改进措施以支持 TG2 数模计算及模具的开发。

过程验证(Process Verification,简称 PV)一般是在 TG2 数据冻结后实施,通常使用量产用的模具制造的样件。PV 试验侧重于极端条件和工况的振动、耐久、可靠性的评估,相对 DV 试验周期更长。一般 PV 试验完成并通过审核,才能向客户提交 PPAP。

不同的主机厂对 DV 和 PV 试验的要求(产品/材料层级、试验项目、样件来源、时机、标准、实施机构等)差异比较大,DFMEA 项目小组在开发探测措施时要特别注意这些不同的要求(通常反映在 DVP&R 表格中),及时与客户的设计团队沟通这些要求。

(3)设计确认试验

确认是通过提供客观证据对特定的预期用途或应用要求已得到满足的认定,所需要的客观证据可以是试验结果或其他形式的确定,如:变换方法进行计算或文件评审。

设计确认的目的是检查最终完成品是否满足客户的使用要求,是从客户的角度来评估产品。如:汽车零部件通常要装到整车上,通过路试来确认零部件能否满足车辆行驶等要求。在设计确认中如果发现问题则说明交付的产品有问题。

需要特别说明的是,有些企业有自己独特的设计验证和设计确认定义。如福特汽车:

“设计验证:根据设计状态,一个产品的功能要符合顾客所期望的方式。

生产确认:根据制造状态,一个产品的功能要符合顾客所期望的方式,而且能以所要求的产量进行生产。”

设计评审、设计验证和设计确认的关系，如图 2-21 所示。

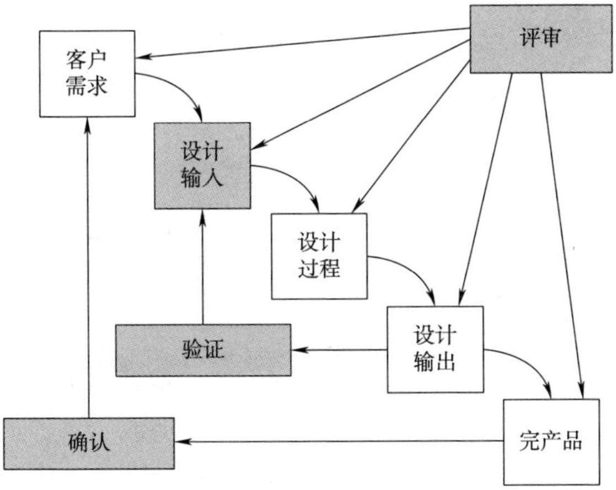

图 2-21　设计评审、设计验证和设计确认的关系

电子产品的设计验证和设计确认一般遵循以下几个阶段：工程验证测试阶段(Engineering Verification Test，简称 EVT)、设计验证测试阶段(Design Verification Test，简称 DVT)、和生产验证测试阶段(Production Verification Test，简称 PVT)，在术语上与汽车行业略有差异。

EVT 的目的验证产品定义，即产品能否满足规范的功能要求。其样件多数情况下只是一块 PCBA(俗称 Big Board)，来验证工程师的想法或无法拍板的方案。如果是全新的产品，EVT 验证的问题会比较多，有些情况甚至是探索性的，帮助工程师确定哪个设计产品定义可行。EVT 必须把设计的问题探测出来，并逐个解决，确保设计的可行性。EVT 一般由 RD(Research & Development，简称 RD)对样件进行全面验证。所有问题解决完成后，进入 DVT 测试阶段。

DVT 的目的是验证产品设计，此时的样机会加装外壳(Mockup 件或软模件或 3D 打印)，PCB 也是实际的尺寸大小。它对所有信号的电平和时序进行测试，同时也完成安规测试等。一般由 RD 和设计品保工程师(Design Quality Assurance，简称 DQA)共同完成，如验证合格说明产品基本定型。

PVT 的目的是生产定型，解决生产阶段遇到的工艺问题，所以必须要生产一定数量的产品，所用的零部件也是供应商使用正式的生产环境制造的，PVT 样件的制造也应该是在正式量产环境(包括节拍时间)。原则上该阶段不对产品提出变更，除非发生严重的问题。

EVT、DVT 和 PVT 三者之间在产品开发流程中的关系，如图 2-22 所示。

不同企业的产品开发流程和电子产品开发流程，对 EVT、DVT 和 PVT 的定义和

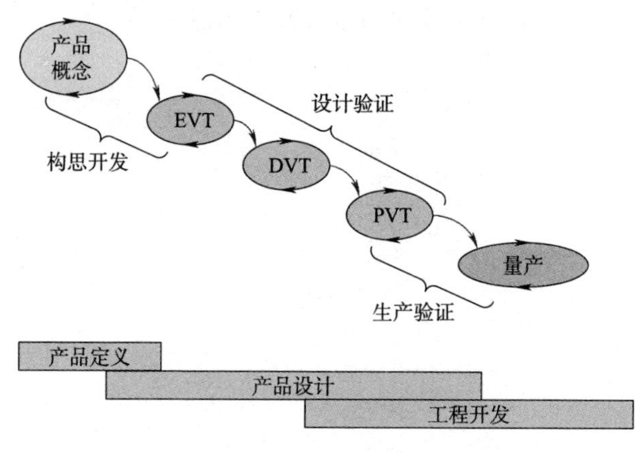

图 2-22　EVT-DVT-PVT 的关系

内容会有所差异，请读者在使用时要特别留意。有关汽车电子的设计验证和设计确认读者可以参考 ISO 26262 等标准。医疗器械产品的设计验证和设计确认与以上的介绍又有差别(有关内容请读者参考其他资料或标准)。

设计评审、设计验证和设计确认就犹如飞机和舰艇的雷达装置，随时在扫描航行途中可能遇到的障碍物，并随之发出调整航行操作的预警。DFMEA 项目小组就是要策划好探测措施，随时发现设计上的问题点，避免失效模式和失效起因的产生。

(4)材料/零件认证试验

为了提升对产品失效模式和失效起因的探测度，产品设计团队有必要全面了解采购的材料和零件的物理、化学和环境特性。

汽车产品使用的材料和零部件种类繁多，不同的国家、行业协会、各主机厂等都针对此建立了庞大的材料或零部件标准体系。DFMEA 项目小组在制定探测措施时，对外购的材料和零部件可能引用这些标准。

如，车载用电子元件应符合 AEC 的相关标准。AEC 是"Automotive Electronics Council(汽车电子委员会)"的简称，由大型汽车制造商和大型电子元件制造商组成，是为规范车载用电子元件的可靠性和认证标准而成立的行业组织。

AEC-QXXX 作为车载电子元件的规格标准已得到了广泛的应用，虽然它不是强制性标准，但事实上已成为行业标准。根据元器件的类型，它可分为以下几类：

AEC-Q100：集成电路的基于失效机理的应力测试验证(测试对象：IC)。

AEC-Q101：车用分立半导体元器件的基于失效机理的应力测试验证(晶体管、MOSFET、IGBT、二极管等离散半导体元件)。

AEC-Q102：车用分立光电半导体器件的基于失效机理的应力测试验证(汽车电

子所有内外使用的分立光电半导体元器件）。

AEC-Q104：多芯片组件（MCM）的基于失效机理的应力测试验证（对象：MCM 上使用的所有组件）。

AEC-Q200：无源元件的应力测试验证（对象：电容器、电感器、电阻器等）。

AEC-Q 系列标准是汽车电子工程师在对元器件选型的重要依据之一。AEC 目前主要是针对车载应用、汽车零部件、汽车车载电子实施标准规范，建立质量管理控制标准，提高车载电子产品的稳定性、可靠性和标准化程度。

DFMEA 项目小组在策划探测措施时，无论是使用设计评审（主要是针对各类技术文档或测试报告），还是设计验证、设计确认（主要是依据各种标准对各类样件进行测试），除了要验证设计方法、设计方案的正确性和产品的符合性以外，还要考虑如何将产品的失效模式或失效起因探测出来；有时候还需要根据失效模式和失效起因，有针对性地开发相应的测试方案。

根据以上对预防措施和探测措施的分析，表 2-9 所示的“3D 智能线圈 DFMEA 失效分析”，其预防措施和探测措施见表 2-14。

表 2-14　3D 智能线圈 DFMEA 风险分析

<table>
<tr><th colspan="3">失效分析（步骤四）</th><th colspan="5">风险分析（步骤五）</th></tr>
<tr><th>1. 对于上一较高级别要素和/或最终用户的失效影响（FE）</th><th>2. 关注要素的失效模式（FM）</th><th>3. 下一较低级别或特性类型的失效起因（FC）</th><th>预防措施-PC</th><th>频度（O）</th><th>探测措施-DC</th><th>探测度（D）</th><th>措施优先级（AP）</th></tr>
<tr><td rowspan="7">无法解锁车门
解锁需要的距离过远或过近
……</td><td rowspan="5">无法发出信号
灵敏度差</td><td>强度弱</td><td>强度选型数据库
磁芯材质标准</td><td></td><td rowspan="7">DV：信号测试试验</td><td></td><td></td></tr>
<tr><td>耐压低</td><td>铜线规格数据库
铜线材质标准</td><td></td><td></td><td></td></tr>
<tr><td>耐热差</td><td>耐热性数据库
Base 材质标准</td><td></td><td></td><td></td></tr>
<tr><td>装配尺寸定义错</td><td>尺寸链计算</td><td></td><td></td><td></td></tr>
<tr><td>黏度定义偏小</td><td>胶水选型数据库
胶水材质标准</td><td></td><td></td><td></td></tr>
<tr><td>外壳</td><td>⋮</td><td>⋮</td><td></td><td></td><td></td></tr>
<tr><td>⋮</td><td>⋮</td><td>⋮</td><td></td><td></td><td></td></tr>
</table>

其中的预防措施是针对失效起因，探测措施是针对失效模式（用信号测试试验测试信号的收发和灵敏度）。如果信号测试试验的测试结果表面信号收发或灵敏度失

效,则说明预防措施的现有控制程度有问题,需进一步分析和优化设计方案。

预防措施和探测措施是 DFMEA 的最终落地点。前面所谈的结构分析、功能分析和失效分析,归根到底都是文字工作,所有这些最终都要落地到预防措施和探测措施中,变成产品的一部分或验证测试的一部分。DFMEA 步骤六中的优化措施,要么是优化预防措施,要么是优化探测措施。

实验、检验和试验的区别

实验:是一种通过实际操作来探究某自然规律的一种研究方法,即理论研究的方法论。如:牛顿的色散实验、拉瓦锡证明空气是由氧气和氮气组成的实验。

实验的操作一般没有标准,主要是依据实验目的,来设计实验的条件和操作步骤、方法,并对观测到的实验结果进行分析,判断是否达到期望的实验目的。

检验:对符合规定要求的确定。规定要求一般包括法律法规、图纸、检验规范、作业标准、技术标准等。检验的结果可表明合格、不合格或合格的程度。

试验:是指已知某种事物的时候,为了解它的性能或验证某种结果而进行的试用操作。如:钢材的力学性能试验、整车路试试验等。

试验是依据已有的标准(国际、国家、行业标准、客户技术要求、企业标准)去验证产品、零部件或材料符合标准的要求,也就是已知试验品"应该"到达什么结果,而进行的验证操作;着重在是否达标;属于管理的范畴(涉及产品研发、生产、质量、售后等过程)。

实验、检验和试验如果不作严格具体的区分的话,其含义比较接近。如果是基于符合合同或法规的目的还是需要区别对待,需要双方协商沟通清楚,并诉诸文字描述清楚。

在设计验证或设计确认中实施的试验类型有以下三种:

①标准测试(Testing to Bogey/Pass-Fail)。

②测试至失效(Testing to Failure)。

③测试功能退化(Testing Functional Degradation)。

标准测试一般要求测试时间与产品的寿命(时间/循环次数/里程)相等,即将产品测试到指定的时间循环次数/里程,其功能应满足最低的标准要求,故标准测试也称为零故障测试。当样件测试到指定的时间/循环次数/里程,其功能绩效分布,如图 2-23 所示。

通常情况下标准测试的样本数比较大、测试时间比较长,故成本较高。

根据二项分布的原理:重复 n 次独立的伯努利试验。在每次试验中只有两种可能的结果,这两种结果互相对立、且相互独立,与其他各次试验结果无关。事件发生与否的概率在每一次独立试验中都保持不变。

在产品研发阶段,认为每个样品在每个测试项目中的测试结果(Pass 或 Fail)的概率在每一次独立试验中保持不变。其二项分布置信度公式如下:

$$C = 1 - \sum_{i=0}^{k} \frac{N!}{i!(N-i)!} R^{N-1} (1-R)^{i}$$

式中　R——可靠性，取值 $0 \leqslant R \leqslant 1$

C——置信度，汽车行业一般取 $C=0.95$

N——测试样本数

k——测试缺陷个数

如果假设测试缺陷个数 $k=0$，则测试样本大小可以根据以下公式计算：

$$N = \frac{\ln(1-C)}{\ln(R)}$$

例子：某挡风玻璃雨刷电机必须在 200 万次的运行中满足 99%的可靠性，置信度取 95%。测试工程师必须取多少个电机测试到 200 万次循环而没有故障，才能满足这些要求？

解答：

$$N = \ln(1-C)/\ln(R) = \ln(1-0.95)/\ln(0.99) = 298.1$$

必须取 299 个雨刷电机各自运行 200 万次，如果 299 个产品全部合格，则设计团队有 95%的信心，交付的产品能满足 99%的可靠性要求。

失效测试是产品设计过程的一个重要部分，它是确保设计的产品在应力、负荷、天气、温度等不同的环境和工况下不会失效的一种方式。即使在产品量产后，持续的失效测试将帮助产品团队确保对制造过程尽可能地优化，并不断地改进产品。实施失效测试的过程中当一个被测试样件出现故障，测试就会停止。产品团队可以确定样件运行的时间/循环次数/里程，同时检查这些故障的具体状况，然后调查故障的根本原因；如果有必要的话，对设计进行改进以消除故障原因。失效测试可以测试多次，其出现故障时的时间/循环次数/里程分布，如图 2-24 所示。

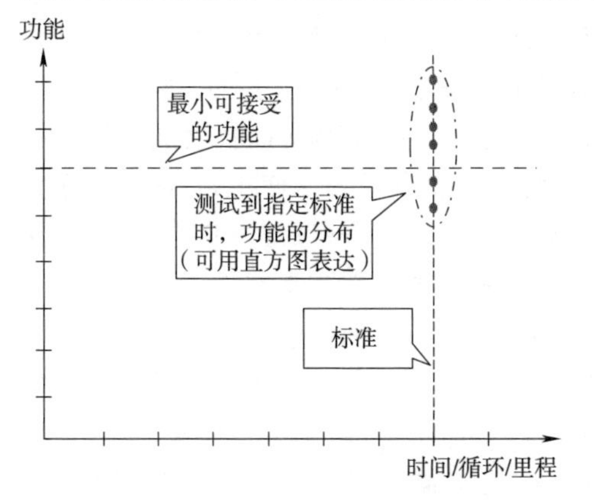

图 2-23　标准测试：测试到指定时间/循环/里程时的功能绩效分布

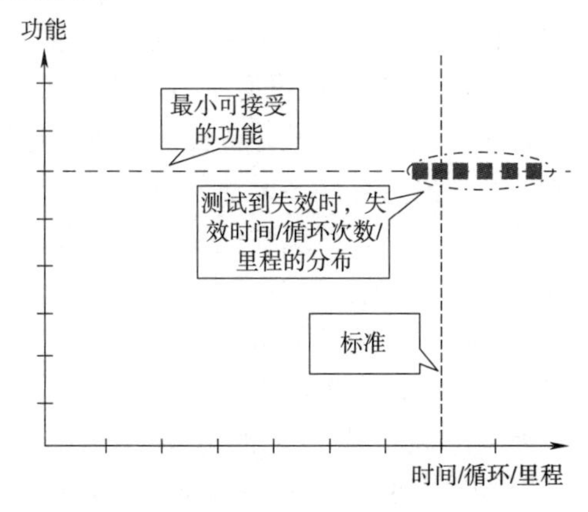

图 2-24　失效测试：产品测试失效时的时间/循环/里程分布

失效测试的典型案例有:加速寿命测试(Accelerated Life Test,简称 ALT),其加速形式与真实客户使用的功能退化相关联。加速寿命测试能探测不具代表性的失效模式。当然也不是所有的失效模式都是能加速的。通过失效测试,产品团队可以获得比标准测试更多的信息量。其对失效模式或失效起因的探测度优于标准测试。

当产品的可靠性要求很高时,传统的寿命测试或加速寿命测试,很难在有限的时间和预算约束条件下获得足够的失效数据,甚至有可能到测试结束都没失效发生。此时便无从建立有效的寿命分布模型,使得对失效模式和失效起因的探测与评估工作难以展开。在实践工作中,产品的性能参数或绩效会随时间的增加而出现逐步退化现象,当该性能参数不断退化并超过某个指定的阈值时,产品就会出现失效。为此而构建的测试称为功能退化测试,不同设计方案其功能退化的分布曲线,如图 2-25 所示。

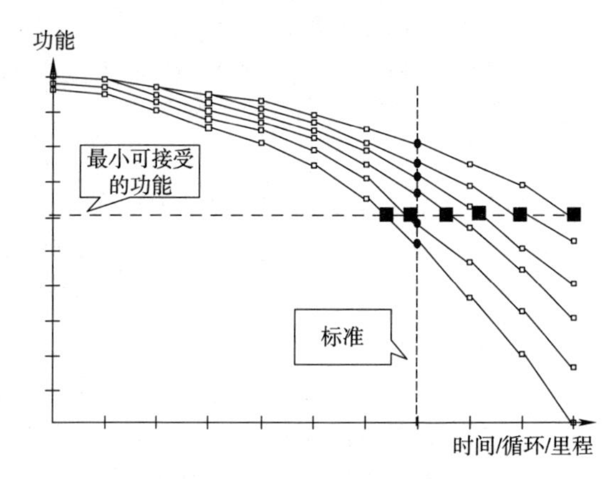

图 2-25　退化测试:不同设计方案功能退化分布曲线

基于不同的产品的失效起因或机理,有很多退化模型可供使用,其中使用最广泛的是 Wiener 过程模型。

很显然,通过退化测试产品,团队可以获得比失效测试和标准测试更多的信息量,其对失效模式或失效起因的探测要优于失效测试和标准测试。

设计验证计划和报告

企业为了在市场中保持竞争力,需要不断改进现有产品并推出新产品。在某些情况下,新产品有可能没有经过适当的验证和确认就匆匆推向市场。因此,直到产品交付后才发现产品的设计或性能问题。这样会导致使用故障、产品召回、增加保修费用和品牌受损。有许多设计分析工具和产品测试方法可供项目团队使用,且需要一个好的系统或工具来组织和记录这些结果。设计验证计划和报告(DVP&R)就是这个工具,在组织、描述、记录和报告设计分析和产品测试的结果方面非常有效。

DVP&R 记录了将用于确认产品、系统或部件符合其设计规范和性能要求的计划。每一个设计规格或产品要求都记录在 DVP&R 表格中,同时也记录了用于确定是否满足规格或要求的分析或测试。完成后,每项分析或测试的结果应记录在 DVP&R 表格中。DFMEA 是 DVP&R 的输入,DFMEA 确定了要做“什么”,DVP&R 定义了“如何”做。“什么”是指在 DFMEA 中制定的探测措施(分析和验证测试)。“如何”是指测试的方法或如何进行分析或测试，包括验收标准和结果的报告。DVP&R 表格的范例见表 2-15。

表 2-15 设计验证计划和报告范例

<table>
<tr><td colspan="14">设计验证计划和报告
Design Verification Plan and Report(DVP&R)</td></tr>
<tr><td colspan="2">系统</td><td></td><td>制造商</td><td colspan="2"></td><td colspan="2">部门</td><td colspan="2"></td><td colspan="2">报告编号</td><td colspan="2"></td></tr>
<tr><td colspan="2">子系统</td><td></td><td>车型</td><td colspan="2"></td><td colspan="2">编制</td><td colspan="2"></td><td colspan="2">编制日期</td><td colspan="2"></td></tr>
<tr><td colspan="2">组件</td><td></td><td>料号</td><td colspan="2"></td><td colspan="2">批准</td><td colspan="2"></td><td colspan="2">版本</td><td colspan="2"></td></tr>
<tr><td colspan="12">测试计划</td><td rowspan="3">测试结果</td><td rowspan="3">备注</td></tr>
<tr><td rowspan="2">序号</td><td rowspan="2">性能目标</td><td rowspan="2">测试项目&程序</td><td rowspan="2">接受准则/测试指标</td><td rowspan="2">责任人</td><td rowspan="2">测试阶段</td><td colspan="2">抽样</td><td colspan="2">时程</td></tr>
<tr><td>数量</td><td>类型</td><td>开始</td><td>完成</td></tr>
<tr><td></td><td></td><td></td><td></td><td></td><td></td><td></td><td></td><td></td><td></td><td></td><td></td></tr>
<tr><td></td><td></td><td></td><td></td><td></td><td></td><td></td><td></td><td></td><td></td><td></td><td></td></tr>
<tr><td></td><td></td><td></td><td></td><td></td><td></td><td></td><td></td><td></td><td></td><td></td><td></td></tr>
<tr><td></td><td></td><td></td><td></td><td></td><td></td><td></td><td></td><td></td><td></td><td></td><td></td></tr>
<tr><td></td><td></td><td></td><td></td><td></td><td></td><td></td><td></td><td></td><td></td><td></td><td></td></tr>
</table>

其中，测试阶段包括：工程开发阶段、设计验证阶段、生产确认阶段和量产交付阶段；样件的类型包括：手工原型样件、工装原型样件、工装样件(Off Tooling Sample，简称 OTS)、PPAP 样件和批量生产的产品。

DFMEA 的结论报告中要包含 DVP&R，将所有的 DV 和 PV 试验纳入其中，测试工程师根据 DVP&R 策划试验大纲、试验仪器、时间进度、预算等工作。

DVP&R 也可以在以下情况下使用：

①实施测试作为问题解决或根本原因分析(RCA)的一部分活动；

②策划和记录测试信息，以验证设计变更或改进后的产品性能；

③为满足任何监管要求的再认证测试。

DVP&R 在产品的整个生命周期中都是有用的，甚至在产品退役或重新设计之后也是有用的。当设计被再次迭代开发时，或评估类似的产品设计时，DVP&R 也是一个有价值的历史文档。

风险评估

风险评估是对每一个失效模式、失效影响和失效起因进行风险估计。评估风险的等级标准如下：

①严重度(S:Severity):失效影响的严重程度。

②频度(O:Occurrence):失效起因的发生频率。

③探测度(D:Detection):已发生的失效起因/失效模式的可探测程度。

SOD的评分都采用“1～10”计分,其中10分表示风险度最高。这个评分本质上是主观的,虽然用的数量化的评估方法,但它并不是客观的计分,所以在评估同一个失效链的风险时,要保持评分团队的一致性。如果两个团队的人员不同,其评分结果可能有很大的差异。

• 严重度(S)

在“2.4.2 失效影响”节中笔者将一个失效模式的失效影响分为:局部影响、扩大影响、最终影响三个层级。其中最严重的是最终影响,DFMEA项目小组可以根据表2-16所示的评分标准对最终影响进行计分。有的公司会对局部影响、扩大影响和最终影响的严重程度分别评分,但主机厂只关心最终影响的严重程度。

表2-16 DFMEA严重度(S)评分标准

根据以下标准对潜在失效影响进行评分			公司或产品案例
S	影响	严重度标准	
10	非常高	影响车辆和/或其他车辆的安全操作及司机、乘客、道路使用者或行人的健康	
9		不符合法规	
8	高	在预期使用寿命内,车辆正常行驶所需的主要功能丧失	
7		在预期使用寿命内,车辆正常行驶所需的主要功能退化	
6	中	车辆次要功能丧失	
5		车辆次要功能退化	
4		外观、声音、振动、粗糙度或触感令人感觉非常不舒服	
3	低	外观、声音、振动、粗糙度或触感令人感觉中度的不舒服	
2		外观、声音、振动、粗糙度或触感令人感觉略微的不舒服	
1	非常低	没有可辨识的影响	

表2-16所示的严重度评分标准是汽车行业的通用参考。如果客户有特别的要求,严重度的评分标准应该与客户保持一致,且要传递给企业的供应商,即DFMEA项目小组启动DFMEA工作以后,要确保在整个供应链中,严重度的评分标准保持一致。

新版的严重度评分标准与AIAG第四版FMEA的严重度评分标准相比,最大的变化是强调安全和健康的重要性。影响人员安全和健康的失效影响计10分;涉及法规符合性的失效影响计9分。新版严重度评分标准将安全/健康和法规分开计分,同时引入对人员健康的考虑，以呼应 IATF 16949 8.3.3.1 产品设计输入条款 f“产品要求符合性的目标，包括防护、可靠性、耐久性、可服务性、健康、安全、环境、开发时程安排和成本等方面”的要求。

如：某知名电动车发生低频共振现象（源于车尾门生产的 31Hz 的共振频率），导致部分车主耳鸣，更有甚者会感觉到耳痛。这个失效模式属于 NVH 范畴，对于车内的噪声，尤其是低频噪声目前国内是没有法规限制的。主机厂开发的时候，都会想办法使车内的噪声低于竞品或者和竞品保持一个相同水准。如果这个噪声仅仅只是能听得到，其严重度评分可能是 2～3 分；但如果发生耳鸣耳痛，有的车主已经严重到要去看医生了，那么这个失效模式的严重度就要计 10 分。

越来越多的消费者除了重视车辆安全以外，已经开始把健康看得与安全一样重要了。DFMEA 项目小组要与客户的开发团队保持密切地沟通，了解哪些失效模式会影响到人员（乘客、驾驶员、维护人员等）的健康和安全。根据笔者的经验，很多工程师根本搞不清自己产品对整车有什么安全或健康影响，因为他们连自己的产品装在整车的哪个具体部位都不清楚。

严重度评分标准中提及的主要功能和次要功能是针对整车级的，不是指零部件自身的主要功能和次要功能，这两者不完全是一回事。比如：车内阅读灯的主要功能是发光，其失效对整车的主要功能（行驶、制动、转向、驾驶视线等）没有任何影响。

表 2-16 中最右边的空白栏（公司或产品案例），供企业自己定义对应严重度分值的公司或产品安全案例，尤其对影响到安全、健康和法规的符合性的失效模式。

当严重度评分在 7～10 时，与此相关的产品特性可以定义为特殊特性。故 DFMEA 也是定义产品特殊特性的一种可选方法。

- 频度（O）

频度是指对预防措施的有效性的评价，预防措施是针对失效起因的。如果预防措施有效，那么失效起因发生频次就会较低，那么失效模式发生频次也会较低。DFMEA 项目小组可以根据表 2-17 所示的评分标准对频度进行计分。

表 2-17 DFMEA 频度（O）评分标准

根据以下标准对潜在失效起因进行评级。在确定最佳预估频度（定性评级）时应考虑产品经验和预防措施			公司或产品案例
O	对失效起因发生的预测	频度标准-DFMEA	
10	极高	在没有操作经验和/或在运行条件不可控的情况下的任何地方对新技术的首次应用 没有对产品进行验证和/或确认的经验 不存在标准，且尚未确定最佳实践 预防措施不能预测使用现场性能或不存在预防措施	

续表

根据以下标准对潜在失效起因进行评级。在确定最佳预估频度(定性评级)时应考虑产品经验和预防措施			公司或产品案例
O	对失效起因发生的预测	频度标准-DFMEA	
9	非常高	在公司内首次应用具有技术创新或材料的设计 新应用或工作周期/运行条件有改变 没有对产品进行验证和/或确认的经验 预防措施不是针对确定特定要求的性能	
8		新应用内首次应用使用具有技术创新或材料的设计 新应用或工作周期/运行条件有改变。没有对产品进行验证和/或确认的经验 极少存在现有标准和最佳实践,不能直接用于该设计产品 预防措施不能可靠地反映使用现场性能	
7	高	根据相似技术和材料的新设计 新应用或工作周期/运行条件有改变。没有对产品进行验证和/或确认的经验 标准、最佳实践和设计规则符合基准设计,但不是创新 预防措施提供了有限的性能指标	
6		应用现有技术和材料,与之前设计相似 类似应用,工作周期/运行条件有改变。之前的测试或使用现场经验 存在标准和设计规则,但不足以确保不会出现失效起因 预防措施提供了预防失效起因的部分能力	
5	中	应用成熟技术和材料,与之前设计相比有细节上的变化 类似的应用、工作周期/运行条件。之前的测试或使用现场经验,或为具有与失效相关的测试经验的新设计 在之前设计中所学到的与解决设计问题的相关教训。在本设计中对最佳实践进行再评估,但尚未经过验证 预防措施能够发现与失效起因相关的产品缺陷,并提供部分性能指标	
4		与短期现场使用暴露几乎相同的设计 类似应用,工作周期或运行条件有细微变化。之前测试或使用现场经验 之前设计和为新设计而进行的改变符合最佳实践、标准和规范要求 预防措施能够发现与失效起因相关的产品缺陷,很可能反映设计符合性	

续表

根据以下标准对潜在失效起因进行评级。在确定最佳预估频度(定性评级)时应考虑产品经验和预防措施			公司或产品案例
O	对失效起因发生的预测	频度标准-DFMEA	
3	低	对已知设计(相同应用,在工作周期或操作条件方面)和测试或类似操作条件下的现场经验的细微变化或成功完成测试程序的新设计 考虑到之前设计的经验教训,设计预计符合标准和最佳实践 预防措施能够发现与失效起因相关的产品缺陷,并预测了与生产设计的一致性	
2	非常低	与长期现场暴露几乎相同的设计。相同应用,具备类似的在工作周期或操作条件。在类似操作条件下的测试或使用现场经验 考虑到之前设计的经验教训并对其具备充足的信心,设计预计符合标准和最佳实践 预防措施能够发现与失效起因相关的产品缺陷,并显示对设计符合性的信心	
1	极低	通过预防措施消除失效,通过设计让失效起因不可能发生。	
产品经验:在公司内使用产品的历史(新品设计、应用或使用案例)。已经完成的探测措施控制结果提供了设计经验			
预防措施:在产品设计中使用最佳实践、设计规则、公司标准、经验教训、材质标准、政府法规、及以预防为导向的分析工具的有效性(分析工具包括 CAE、数学建模、模拟研究、尺寸链分析和安全余量设计)			
注:频度可基于产品验证活动而降低			

新版的频度评分标准与 AIAG 第四版 FMEA 的频度评分标准相比,几乎是推倒重新撰写,而且新版的频度评分标准非常复杂。

笔者根据培训和咨询经验,将表 2-17 的频度评分标准简化成表 2-18 所示的内容:

表 2-18　DFMEA 频度(O)评分标准简化版

频度＼维度	新技术/新材料/新设计	新应用	操作条件/工况	DV/PV 经验	最佳实践	预防措施
10	全技术	—	—	无	无	无
9	新技术/新材料在公司层级使用	是	有改变	无	—	无针对性
8	新技术/新材料在应用层级使用	是	有改变	无	基本没有	有,但不可靠

续表

维度 频度	新技术/新材料/新设计	新应用	操作条件/工况	DV/PV 经验	最佳实践	预防措施
7	新设计(材料/技术相似)	是	有改变	无	不适用新产品	作用有限
6	设计相似,材料/技术相同	类似	有改变	有	有标准	部分有效
5	成熟技术/材料,设计有细节变化	类似	类似	有	有	能发现缺陷
4	几乎相同	类似	有细微变化	有	有	能发现缺陷
3	几乎相同	相同	有细微变化	有	与设计相符	能发现缺陷
2	几乎相同	相同	类似	有	与设计相符	能发现缺陷
1	失效起因不可能发生					

表 2-18 从六个维度来评估频度的计分,其中前三个带来的风险比较大。

①新技术/新材料/新设计:带来的风险最高。如:自动驾驶技术、新的轻量化材料的应用;或结构/功能的全新设计。如果新技术/新材料/新设计是汽车行业首次使用,频度可以计 10 分;如果新技术/新材料/新设计是本企业首次使用,频度可以计 9 分。

②新应用:带来的风险比新技术/新材料/新设计低。如:燃油车的零部件应用到电动车上。

③操作条件/工况:一种是整车的操作条件或工况发生改变,另一种是零件在车辆内的工况发生变化。新 FMEA 手册中没有明确描述,企业可以在内部的 FMEA 文件中规定清楚。比如:电动车多了一种充电状态,这是燃油车不具备的工况。

这几年汽车行业由于动力多元化、轻量化、网联化、智能化和共享化五大技术趋势的发展,带来的新技术、新材料、新设计和新应用层出不穷。DFMEA 项目小组要特别留意这五大技术趋势对自身产品的预防措施评估的影响。如果对频度的评估没有把握,那么计分就打高一点。

- 探测度(D)

探测度是对探测措施有效性的评价,即项目转量产(SOP)前,探测措施能否有效地证明失效模式或失效起因的存在。DFMEA 项目小组可以根据表 2-19 所示的评分标准对探测度进行计分。

表 2-19　DFMEA 探测度(D)评分标准

<table>
<tr><th colspan="4">根据探测方法成熟度和探测机会对探测措施进行评估</th><th rowspan="2">公司或产品案例</th></tr>
<tr><th>D</th><th>探测能力</th><th>探测方法成熟度</th><th>探测机会</th></tr>
<tr><td>10</td><td rowspan="2">非常低</td><td>测试程序尚未开发</td><td>未定义测试方法</td><td></td></tr>
<tr><td>9</td><td>没有为探测失效模式或失效起因而特别地设计测试方法</td><td>通过/不通过测试、失效测试、退化测试</td><td></td></tr>
<tr><td>8</td><td rowspan="2">低</td><td>新测试方法，尚未经过验证</td><td>通过/不通过测试、失效测试、退化测试</td><td></td></tr>
<tr><td>7</td><td rowspan="3">新测试方法，尚未经验证，在量产发布前，有足够的时程用于修改生产工装</td><td>通过/不通过测试</td><td></td></tr>
<tr><td>6</td><td rowspan="2">中</td><td>失效测试</td><td></td></tr>
<tr><td>5</td><td>退化测试</td><td></td></tr>
<tr><td>4</td><td rowspan="3">高</td><td rowspan="3">已验证的测试方法，该方法用于功能性验证或性能、质量、可靠性及耐久性确认；计划时间充分，可在开始生产之前修改工装</td><td>通过/不通过测试</td><td></td></tr>
<tr><td>3</td><td>失效测试</td><td></td></tr>
<tr><td>2</td><td>退化测试</td><td></td></tr>
<tr><td>1</td><td>非常高</td><td colspan="2">之前测试证明不会出现失效模式或失效起因，或探测方法经过实践验证总是能探测到失效模式或失效起因</td><td></td></tr>
</table>

新版的探测度评分标准与 AIAG 第四版 FMEA 的探测度评分标准相比，有较大幅度的修改，淡化了设计冻结前后的概念，重点放在检测方法是否经过验证及对开发周期的影响。笔者将表 2-19 的探测度评分标准简化为图 2-26 所示的关系，供读者参考。

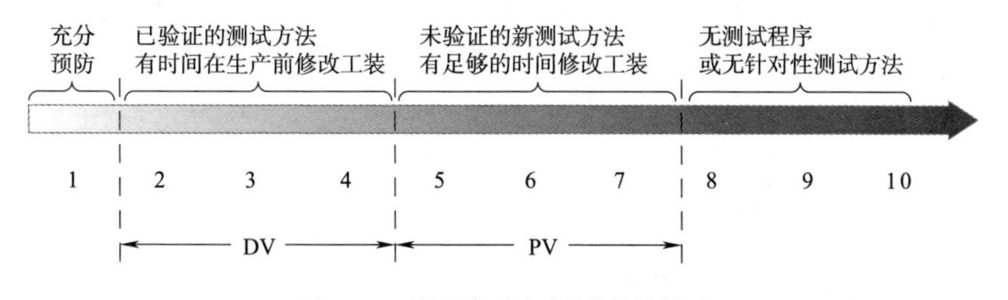

图 2-26　测试方法与探测度的关系

此外，探测度的评分还要参考测试方法的类型：通过/不通过测试、失效测试、退化测试，这三种测试方式在“第二章第二节 DFMEA 实施步骤五：风险分析实验、检验和试验的区别”一节有详细的描述，此处不再赘述。

措施优先级

新版 AIAG-VDA FMEA 取消了 AIAG 第四版 FMEA 最为人知的 RPN(Risk Priority Number)。旧版的 RPN 值是通过严重度、频度和探测度三者相乘得出来的数值。这个计算方法会带来以下两个问题：

①相对严重度和频度而言,探测度很难准确量化。

②不是一个客观的指标,可能会因人而异。

严重度、频度和探测度的评分是顺序性的。顺序性评分用于对事物进行排序,如鸡蛋可以按大中小排序;酒店的整体服务质量可以分为 5 星级、4 星级、3 星级、2 星级、1 星级。顺序性评分的数值大小并没有意义,例如,频度为 8 比频度为 4 更有可能发生,但它们之间不是两倍的关系。1—10 的数字本质上是分类,使用字母分类也是合适的。沿着单一的序数维度(如:严重度)对失效进行排序是有效的,但将不同维度的序数相乘不是一种可接受的转换。

AIAG 第四版 FMEA 使用 RPN 的大小来对失效风险进行优先排序。但是 RPN 的大小是没有意义的,因为它是三个顺序性评分的乘积。也许使用字母来进行分类会比较有利,因为我们不会被诱惑去对类别相乘。根据 RPN 相关的定义和计算方法我们可以得出一个结论:RPN 不是一个有效的风险衡量标准。

于是新版 AIAG-VDA FMEA 采用了一种新的风险衡量标准:AP,即措施优先级。SOD 的评分标准都是 1～10 分,理论上 SOD 有 1 000 种可能的排列组合。AP 对其进行了精简,总共提出 68 种组合,如表 2-20 所示。

表 2-20　SOD 组合 AP 等级表

<table>
<tr><td>S</td><td colspan="5">10—9</td><td colspan="5">8—7</td><td colspan="5">6—4</td><td colspan="5">3—2</td><td>1</td></tr>
<tr><td>O
D</td><td>10-8</td><td>7-6</td><td>5-4</td><td>3-2</td><td>1</td><td>10-8</td><td>7-6</td><td>5-4</td><td>3-2</td><td>1</td><td>10-8</td><td>7-6</td><td>5-4</td><td>3-2</td><td>1</td><td>10-8</td><td>7-6</td><td>5-4</td><td>3-2</td><td>1</td><td>10-1</td></tr>
<tr><td>10-7</td><td>H</td><td>H</td><td>H</td><td>H</td><td rowspan="4">L</td><td>H</td><td>H</td><td>H</td><td>M</td><td rowspan="4">L</td><td>H</td><td>M</td><td>M</td><td>L</td><td rowspan="4">L</td><td>M</td><td>L</td><td>L</td><td>L</td><td rowspan="4">L</td><td rowspan="4"></td></tr>
<tr><td>6-5</td><td>H</td><td>H</td><td>H</td><td>M</td><td>H</td><td>H</td><td>M</td><td>M</td><td>H</td><td>M</td><td>L</td><td>L</td><td>M</td><td>L</td><td>L</td><td>L</td></tr>
<tr><td>4-2</td><td>H</td><td>H</td><td>H</td><td>L</td><td>H</td><td>H</td><td>M</td><td>L</td><td>M</td><td>M</td><td>L</td><td>L</td><td>L</td><td>L</td><td>L</td><td>L</td></tr>
<tr><td>1</td><td>H</td><td>H</td><td>M</td><td>L</td><td>H</td><td>M</td><td>M</td><td>L</td><td>M</td><td>L</td><td>L</td><td>L</td><td>L</td><td>L</td><td>L</td><td>L</td></tr>
</table>

AP 将改进措施分为三个等级:

- 优先级高(H)

评审和措施的最高优先级。

DFMEA 项目小组需要识别适当的措施来改进预防和/或探测措施,或证明并记录为何当前的控制足够有效。

- 优先级中(M)

评审和措施的中等优先级。

DFMEA 项目小组宜识别适当的措施以改进预防和/或探测措施,或由公司自行决定,证明并记录当前控制足够有效。

• 优先级低(L)

评审和措施的低优先级。

DFMEA项目小组可以识别措施来改进预防或探测措施。

对于严重度为9—10分，且措施优先级AP为H和M的失效影响，建议由管理层对其进行评审，包括所采取的任何建议措施。

措施优先级AP的好处是，它不把严重度、频度和探测度当作同等的数值(如RPN、SO那样)。措施优先级AP表提供了一个措施优先级系统，以集中团队的时间和资源。

一旦FMEA项目小组对风险的严重度、频度和探测度进行了评分，下一步就是确定风险措施的优先排序。例如，如果S=8、O=3、D=5，表2-20中的AP将是M。一般情况下DFMEA项目小组将首先解决所有H的失效模式和失效起因，然后再考虑对M或L的失效模式和失效起因采取改进措施。

AP的另一个好处是针对SOD的评分不必很准确，例如：S=8，则O=4～5，D=1～6，其AP都是M。如果使用PRN计算法，SOD评分相差1分，其RPN差别将非常巨大，结果就会导致FMEA项目小组花费大量不必要的时间去研究SOD的评分。

AP评估为低并不意味着不应考虑采取行动。高、中或低的评估应被用来确定行动的优先次序，而不是假定行动是不必要的。

最后强调一点：AP不是对风险本身的优先等级评估，它是对降低风险的改进措施的优先等级评估。

表2-14所示的“3D智能线圈DFMEA风险分析”其SOD及AP评级见表2-21。

表2-21　3D智能线圈DFMEA风险分析-SOD及AP评级

失效分析(步骤四)				风险分析(步骤五)				
失效影响(FE)	严重度S	失效模式(FM)	失效起因(FC)	预防措施-PC	频度O	探测措施-DC	探测度D	措施优先级AP
无法解锁车门 解锁需要的 距离过远或过近	6	无法发出信号 灵敏度差	强度弱	强度选型数据库 磁芯材质标准	2	DV：信号测试试验	4	L
			耐压低	铜线规格数据库 铜线材质标准	2			L
			耐热差	耐热性数据库 BASE材质标准	2			L
			装配尺寸定义错	尺寸链计算	2			L
			黏度定义偏小	胶水选型数据库 胶水材质标准	4			L
		外壳	……	……				
		……	……	……				

DFMEA 实施步骤六:优化

产品的设计风险是一种客观存在,是否需要优化则是一种主观判断,这种判断是基于商业角度或技术角度的。比如某个设计问题所有的竞争对手都有,而且问题的AP评级为H,此时项目团队可能会选择不优化;或者某个问题是企业所独有的,竞争对手都没有,且问题的AP评级为L,此时项目团队一般要选择对其进行优化。这就是从商业角度来选择是否对风险进行优化,主要是从客户、企业及竞争对手三者的维度来分析具体的设计风险。单纯地看AP评级,是属于从技术角度来判断是否对风险进行优化。DFMEA项目小组在优化阶段应该从商业角度和技术角度全面分析具体的设计风险,再决定哪些风险需要优化。

步骤六优化的主要目的是确定改进措施,以减少风险和提高安全性,从而提高客户满意度。

优化是通过以下方式实现的:

①识别和确定改进措施。
②指派责任和目标日期。
③实施和记录改进措施。
④对风险进行重新评估。

识别和确定改进措施

改进措施依据以下的顺序进行:

①降低严重度(S)。修改设计以消除或减少失效影响。
②降低频度(O)。修改设计以降低失效起因的发生频度。
③降低探测度(D)。提高探测失效起因或失效模式的能力。

- 降低严重度(S)

一般是针对预防措施采取措施,即对"第2章 第2节 DFMEA实验步骤五:风险分析、当前预防措施"所提到的六类措施进行修改。DFMEA项目小组可以参考以下四个策略来进行设计修改。

(1)故障安全设计

故障安全设计是指在发生故障时,以对其他设备造成最小伤害或对人员造成最小危险的方式作出反应的一种设计。故障安全并不意味着故障是不可能发生的,而是指系统的设计减轻了故障的任何不安全后果。用FMEA的语言来说,故障安全将影响的严重性降低到一个安全的水平。

如:挡风玻璃的夹层是一种故障安全设计,当玻璃受到外力导致破裂时,由于玻璃中间的 PVB 膜的粘接作用,不会产生玻璃碎片伤害到人员。

故障安全设计可以参考以下几个指南:

①设计的完整性和质量,包括寿命限制,通过最小化故障的发生和/或影响,确保预期的功能可靠性。例如:飞机在紧急全油门爬升时,扰流板/速度制动器的自动收回;使用安全寿命、疲劳和断裂力学原理来安排预防性维修。

②系统、部件和元件的隔离(特别是电气、物理和/或空间分离/隔离)和独立,确保一个故障发生不会导致另一个故障的发生。例如:确保携带液体的软管(尤其是其连接处)不在敏感的电子装置之上。

(2)容错设计

容错设计是指当系统的某些部分发生故障时,系统还能继续运行,可能是在一个较低的水平上(也称为优雅退化),而不是完全失效。在 FMEA 语言中,容错性将失效影响的严重性降低到与性能退化相一致的水平。

如:普通的轮胎在瞬间失去支撑力,会导致车辆重心立刻发生变化,特别是前驱车的前轮爆胎,爆胎后瞬间的重心转移很可能会令车辆失控。防爆轮胎在设计中加厚橡胶侧壁,其泄气后不会垮下,即使失去气压,侧壁也能够支撑车辆的重量,不会导致严重的变形,因此轮胎爆胎后并不会严重影响车辆的行驶。

(3)冗余设计

冗余设计提供了系统的关键部件的替代选项(或备份),通俗地讲就是技术过剩。目的是提高系统的可靠性,通常是在备份或故障安全的情况下。这意味着在一个部件发生故障时,拥有自动启动的备份部件。用 FMEA 的语言来说,冗余设计可以减少系统故障的发生,并将故障的严重性降低到一个安全水平。企业可以采用这种策略来解决单点故障。单点故障是指系统中一点失效,就会让整个系统无法运作的部件,换句话说,单点故障即会导致整体故障,且不能靠更多的或替代的操作程序来补偿。

如:某欧洲主机厂有一个欧洲人种的身材数据库,涵盖欧洲各国和地区人群的身高、体重、上下身比例、手臂和腿的长度、坐高等数据。其 A 级车的座椅设计只考虑符合数据库中 95%的人乘坐舒适性要求,而其豪华车必须符合 98%的人乘坐舒适性要求。这 3%的差别就是冗余设计。

冗余或后备系统能够在任何单一(或其他规定数量)的故障后继续发挥作用。即使发生了故障,它也能实现预期的功能。冗余也可用于诊断,以检测故障。冗余是提高系统功能可靠性的一种方法。如果关键元素有备份,系统的功能可靠性可以得到改善,但也要承担增加复杂性、重量、空间、能耗和维护的代价。备用冗余通常涉及切换

到额外的单元,这些单元可能与发生故障的单元相同也可能不相同。有学者建议,可采用以下四种冗余方式:

- 硬件冗余。例如,增加一个或多个硬件组件。
- 软件冗余。例如,不同的软件版本执行相同的任务。
- 时间冗余。即有足够的时间来启动安全恢复。
- 信息冗余。例如,数据的编码方式是可以检测或恢复一定数量的比特(bit)错误。

(4)提供早期警告

无预警发生的故障比有预警的故障更危险,通过在系统设计中加入警告装置,可以避免灾难性的影响。用FMEA的语言来说,增加预警可以降低影响的严重性,潜在地减少系统故障的发生,并增加在使用中探测失效模式和失效起因的可能性。

如:防爆轮胎还安装了轮胎压力监视器(TPI)电子警告系统。一旦轮胎压力开始下降,立即向驾驶者发出警告。

简而言之,要降低失效影响的严重度,其改进的难度会比较大一些,在原有的产品架构和思路下很难实现,需要在技术上或设计理念上有突破才有可能实现。

- 降低频度(O)

要降低失效起因的发生频度,本质上还是需要对产品的设计进行修改。在“第2章 DFMEA实施步骤四:失效分析中心的失效起因(Failure Cause)”节中共描述了七种常见的失效起因类型,要降低失效起因的发生频度也是从这些方面入手。

根据笔者多年的培训和咨询经验,很多工程师描述的失效起因存在以下问题:

①失效起因太粗,其中绝大部分的失效起因是表面原因,或第二层级的原因。失效起因必须分析到设计特性层级和材料的理化特性层级。如:配合尺寸、表面粗糙度、某些接口的定义等属于设计特性;材料的机械强度、硬度、应力分布、金相结构、化学成分等属于理化特性。

②产品运行环境的分析不到位,即在参数图(P图)中对环境的识别不全、不精确。产品的运行环境对产品设计有巨大的影响。

③产品设计没有考虑工艺能力的约束,尤其是客户端的工艺能力的约束,导致产品交付后不能使用或安装。

④某些使用条件的假设错误,如使用寿命假设不合理。

如果失效起因太空洞,那么其预防措施或探测措施也自然就空洞了。DFMEA项目小组可以检视现行的失效起因是否满足以上状况,如果有则可以进一步对失效起因进行分析,寻求更深入的失效起因。

• 降低探测度(D)

一般是针对探测措施采取措施,即对"第2章 第2节 DFMEA实验步骤五:当前探测措施"节所提到的四类措施进行优化。DFMEA项目小组可以参考以下两个策略来进行设计修改。

(1)优化设计评审会议

在设计评审过程中,我们经常遇到的问题有:

①评审会议没有主题。这样会导致评审人员的专注力分散。在会议的头脑风暴过程中,明确的会议主题能让组织者很好地控制问题讨论的范围,避免偏离评审主题;针对会议主题引导与会人员聚焦讨论关键性问题,减少在会议上针对一些不必要的细节纠缠不清;对于耗时较长的细节性问题,与会人员可以在会后另行沟通,在评审会中尽量不要耽误其他不相关人员的宝贵时间。

②没有评审计划或议程。会导致本来该参与会议的人员由于时间冲突而缺席。参与评审需要与会人员投入大量的时间和精力,明确清晰的计划和议程便于与会人员进行相应的准备工作,否则会出现与会人员对评审对象不了解,甚至因为不了解评审过程而产生抵触情绪。

③评审查检表内容深度不够、也不够全面。查检表是一种最常用的设计评审质量保证工具,评审过程往往是由查检表驱动的。一份精心设计的查检表,对于提高评审的有效性和效率至关重要,且应该具备正确性、完备性、易理解性、一致性和可追溯性。查检表最好由设计工程师自己准备,将设计的思路完完整整地体现在查检表中。一份好的查检表需要定期更新,这也是技术经验的累积。比如丰田汽车数十年来使用了大量的标准查检表,这些查检表是其技术数据库的基础。

④评审人员选择不合理。真正的数据库都储存在具有顶尖技术能力的工程师的脑袋中,任何一个这样的工程师在其职能领域中都是一位拥有非凡知识的活数据库。DFMEA项目小组只有知道应该找谁来评审或探讨,这个数据库才会被激活,才会产生应有的价值和效力。

⑤评审资料的准备不充分。为了配合评审查检表,设计工程师必须准备相应的佐证资料或样件,供评审人员评估、查证和验证,必要时这些资料要提前发给评审人员参考准备。

⑥评审后没有追踪措施。评审结束后,评审小组应该对会议进行总结,哪些问题或方案已经确定,哪些还存在问题点。评审会议并不试图去解决某个已知的设计问题,通常是去发现问题。总结报告要对这些问题的解决进行安排,如哪些工程师去负责解决问题,什么时候该完成等。

DFMEA项目小组可以针对以上的问题点,对设计评审进行相应的优化和改进。

(2)优化 DV/PV 试验

不要用加强检验来描述对试验的改进,我们可以从以下几个方面来描述加强:

①更换试验仪器或设备。可以考虑选择精度更高或检测能力更强的仪器或设备,比如磁共振成像 MRI 就比 CT 电子计算机断层扫描有更强的检测能力。

②选用更高要求的试验标准。比如自动驾驶及电气化的要求越来越高,使得对很多元器件的要求也更加严格。博世已开始升级对下个世代的 PCB 测试要求。

③优化试验程序。程序就是指做事情的逻辑顺序、责任分工等。比如试验过程中试验者抽样和生产者送样是两种不同的程序(职责分工不同),其产生的试验结果不完全相同。

④优化试验参数。可以应用试验设计法(DOE)等统计工具来优化某些试验参数,或优化测试参数数据库。

⑤优化对试验技能的要求。将测试人员试验技能要求的标准提升,并提供相应的培训和考核。

⑥增加样本数。适当的增加测试样本数有助于提升发现问题的概率。

⑦更换能力更强的检测机构。寻求更加专业或更有经验的检测机构合作,尤其是国内外知名的机构。

责任分配与措施的状态

DFMEA 小组应该为每个改进措施指定负责人以及目标完成日期,记录优化后的预防措施和探测措施的实际完成日期以及实施日期。

改进措施的状态分为以下几种:

①开口。改进措施尚未被定义成文;

②措施待决(可选)。改进措施已经定义且正在创建相应的文件;

③尚未实施(可选)。改进措施的文件化已完成,但尚未开始实施;

④已完成。改进措施已实施完成,且被证明有效,相应的证据已被评估认可;

⑤不实施。原本计划实施优化措施,但因技术瓶颈无法突破,或因成本太高,放弃优化措施,于是选择不实施。

只有当优化措施被 DFMEA 小组评估确认,且接受其风险水平或已记录措施结束,DFMEA 的工作才算完成。

如果选择不采取优化措施,则 AP 的优先等级不会降低,失效的风险会继续伴随产品。

在"表 2-21:3D 智能线圈 DFMEA 风险分析-SOD 及 AP 评级"的案例中,是针对探测措施进行优化,见表 2-22。实际使用过程中,要么针对预防措施和探测措施两者都进行优化，要么选其一。

表 2-22 所示的案例（仅供填表示例）中，优化措施的负责人必须填写该人员的岗位和姓名。“筛选代码”是可选栏位，即可用也可不用，如果选用的话，可以设置一些关键字，帮助筛选某些关注的内容。

表 2-22 3D 智能线圈 DFMEA 风险分析-AP 的优化措施

<table>
<tr><th colspan="6">风险分析（步骤-5）</th><th colspan="11">优化（步骤-6）</th></tr>
<tr><th>当前预防措施（PC）</th><th>频度 O</th><th>当前探测措施（DC）</th><th>探测度 D</th><th>AP</th><th>筛选代码（可选）</th><th>预防措施</th><th>探测措施</th><th>负责人</th><th>目标完成日期</th><th>状态</th><th>基于证据的行动措施</th><th>完成日期</th><th>S</th><th>O</th><th>D</th><th>AP</th></tr>
<tr><td>强度选型数据库磁芯材质标准</td><td>2</td><td rowspan="2">DV：信号测试试验</td><td rowspan="2">4</td><td>L</td><td></td><td>No Action</td><td rowspan="2">优化测试参数</td><td rowspan="2">QE 张三</td><td rowspan="2">7 月 8 日</td><td rowspan="2">已完成</td><td rowspan="2">XXXX 报告</td><td rowspan="2">7 月 7 日</td><td rowspan="2">6</td><td>2</td><td rowspan="2">1</td><td>L</td></tr>
<tr><td>铜线规格数据库铜线材质标准</td><td>2</td><td>L</td><td></td><td>No Action</td><td>2</td><td>L</td></tr>
</table>

针对优化测试参数，则需要额外准备具体的实施方案，并据以实施。

措施有效性评估

当优化措施实施完成后，需要对其频度和探测度进行重新评分，并得出新的 AP 等级。该 AP 等级是对新预防措施或探测措施的有效性进行的初始评价，以此进入下一个 PDCA 循环。

如果优化措施处于尚未实施状态时，必须等到该措施实施完成且有效性确认后，其状态才能变更为已完成。

持续改进

DFMEA 是产品设计的历史记录，因此 SOD 的原始分值应该是可见的，或至少是产品履历的一部分供其他工程人员阅读参考。DFMEA 分析完成后将形成一个知识储存库，记录过程决策和设计改进的进展。但是对于产品 FMEA 或产品族 FMEA，其初始的 SOD 评分可能会被修改，作为项目 FMEA 的评分起点。

DFMEA 实施步骤七：结果文件化

DFMEA 项目小组在完成 DFMEA 的分析后，除了要填写 DFMEA 的表格之外，还应该撰写一份详细的报告，来全面地阐述 DFMEA 的分析、实施过程及其结论。该报告用于企业内部沟通或与客户沟通,它不是对 DFMEA 进行评审,只是一个工作总结。

虽然报告的形式没有固定的格式,但是报告应该至少阐述以下六个内容:

①针对 DFMEA 项目的初始目标,说明其最终状态如何(即任务概述)。
②总结分析的范围并识别新的内容。
③对功能是如何开发的进行总结。
④对团队确定的高风险失效进行总结,并提供一份具体的 SOD 评分表和 AP 评级表。
⑤对已采取的或计划采取的优化措施进行总结。
⑥为进行中的优化措施制定计划和时间安排。

下面将简单地介绍这些内容。读者在撰写报告时,不要局限于这些要求,可以根据工作的具体情况,来增加合适的内容。该总结报告的封面可以参考表 2-23。

表 2-23 DFMEA 总结报告封面

<table>
<tr><td>【公司名称及 Logo】</td><td>封面失效模式及影响分析
Design Failure Mode and Effects Analysis</td><td>FMEA 编号:
FMEA 页码:
版本:
日期:</td></tr>
<tr><td>原始文档存档位置</td><td colspan="2">产品名称:
物料编号:
客户名称:</td></tr>
<tr><td>分发部门</td><td colspan="2" rowspan="2">1. 任务
• 创建 DFMEA 的原因,如:新产品开发、现有产品的变更等
• 分析的范围
• 参考的 DFMEA
2. 成果
• DFMEA 分析的结果,如亮点、高风险项目、特殊特性的数量和评价
• 内部确定的特殊特性且与客户达成一致,独立的特殊特性清单及解释
3. 措施
• 优化措施的数量
• 优化措施的特点
• 待决措施的数量
• 所有措施的总结论
4. 附件
• DFMEA 分析表格
• 参考的 DFMEA
• 为理解 FMEA 所必需的文件清单(如图纸、标准)
• SOD 的评估表
• 与客户的协议等
5. 备注:
• 以上文档/观点的解释</td></tr>
<tr><td>FMEA 团队</td></tr>
</table>

续表

编　制	批　准			实　施
DFMEA 牵头人 姓名： 部门： 日期： 签名：	部门： 日期： 签名：	部门： 日期： 签名：	部门： 日期： 签名：	实施责任部门 名称：
DFMEA 小组联络人 姓名： 部门： 日期： 签名：	部门： 日期： 签名：	部门： 日期： 签名：	部门： 日期： 签名：	实施跟进及更新 姓名： 部门：

- 任务概述

这部分主要是叙述“第 2 章　DFMEA 实验步骤一：策划和准备”中的“DFMEA 项目实施计划”中的任务实际状况。

除了要简单的描述任务之外，DFMEA 项目小组还要考虑，如何才能吸引高层管理的注意和支持。很显然，高层管理的时间非常宝贵，对技术方面的问题未必有太深入地了解。所以总结报告的用词要简洁、通俗，尽量避免用专业用语，最好多用动词，如：增加销量、降低成本、缩短周期等。

如果能在任务概述中打动高层管理的心，那么 DFMEA 的分析结论和建议就容易被接纳和实施，DFMEA 成功的可能性也就越大，项目小组的信心和动力也会越大，这也有助于推动下一个 DFMEA 的实施。

- 总结分析的范围并识别新的内容

分析的范围可以从两个方面来描述：

系统内容的简介，对要分析的系统的整体介绍，如：

①系统的主要构成。
②主要功能。
③工作环境或条件。
④操作模式（如：启动、正常、异常等）。
⑤某些假设的条件（如：物料都是合格品、操作人员都是有资格的人士等）。

分析的界限（范围），分析人员可以从这几方面来考虑：

①物理界限。
②操作阶段。

③操作范围。

④被认可的目标/被忽略的目标。

⑤人员的进入/退出。

⑥接口。

⑦其他的界限。

总之,这部分要说清楚需要分析的是什么,不需要分析的是什么。

- 对功能是如何开发的进行总结

该部分内容可以附上 QFD 的相应分析资料,阐述如何将客户产品的功能展开到项目产品的功能,尤其是针对安全特性、功能特性、装配特性等产品特性。

也要说明 DFMEA 分析人员打算从哪个层次来解决问题,如:是从零件级、组装件级,还是从子系统级来解决问题。

为什么要这样选择?是基于什么考虑?是成本因素?市场因素?还是技术因素?分析人员是如何平衡这些因素的?

- 对高风险失效进行总结,并提供一份具体的 SOD 评分表和 AP 评级表

填好的 DFMEA 中风险会包罗万象,但是真正属于危险的毕竟是少数。DFMEA 项目小组应对所有的风险进行考察,列出真正属于危险的项目,并逐一进行说明;针对这些高风险危险项目展开评论,它们主要是因为严重度高的项目造成的,还是频度高造成的?还是探测度低造成的,其现行管控措施的效果如何?识别哪些因素对控制风险有利,这对未来提出对策很有帮助。

如果客户对项目的 DFMEA 有独特的 SOD 评分表和 AP 评级表,或 DFMEA 项目小组认为有必要对 AIAG-VDA FMEA 手册中的 SOD 评分表和 AP 评级表进行修订,请将该 SOD 评分表和 AP 评级表附在总结报告中,供其他部门同事或客户参考。

- 对已采取的或计划采取的优化措施进行总结

该部分内容对已采取的或计划采取的优化措施实施计划的状态进行汇总,确保高风险的项目已得到有效的控制。

- 为进行中的优化措施制定计划和时间安排

原则上所有的优化措施在转量产前必须关闭,但也会遇到因为某种原因而无法在量产前关闭的优化措施,此时 DFMEA 项目小组应该承诺继续优化措施的实施,直到关闭为止。

此外,DFMEA 小组还必须在量产中持续对 DFMEA 进行评审和更新,此评审和更新应有计划和时间安排;最后将这些汇总的结果更新到产品 FMEA 或产品族 FMEA 中(见第一章第 5 节“如何理解 FMEA 的动态性”)。

第 3 章

PFMEA 的实施

第 1 节　PFMEA 概述

过程 PFMEA(Process Failure Mode and Effects Analysis,简称 PFMEA)是用来分析制造、装配和物流过程的。它关注因制造、装配和物流过程的设计和实施不足而产生的可能的产品失效。该分析对工艺方法、设备选型/改造、包括工装模具和设备备件的设计和选择有重大意义。

在制造、装配和物流过程设计时,PFMEA 提供或协助下列各事项来减少失效发生的风险:

①识别过程的功能和要求。

②识别潜在的产品和过程有关的失效模式。

③评估失效对客户的影响。

④识别过程参数,以着眼于过程控制。

⑤列出问题的优先级,以采取适当的措施。

⑥将制造、装配和物流过程的结果予以文件化。

PFMEA 以最严密的形式体现了工程师在产品制造过程中防患于未然、追求卓越的思想。它通过对产品制造过程功能和要求的系统分析,凭借以往的经验教训和过去发生的问题,在最大范围内充分考虑到那些潜在的失效模式及其相关的起因与影响,从而解决在产品生产过程中的一个关键问题:产品生产过程中可能会出现什么错误,导致产品无法符合设计的要求。

第 2 节　过程风险的接口

无论多么优秀的产品设计,最终都需要制造过程将其转化为实物(产品)。在产品设计时,应考虑工艺过程的约束。产品特性和过程特性之间存在因果关系,一般情况下产品特性是结果,过程特性是原因,但考虑到供应链产品设计的先后顺序、生产和加工的先后顺序,这种因果关系将变得很复杂,图 3-1 描述了过程风险的接口。

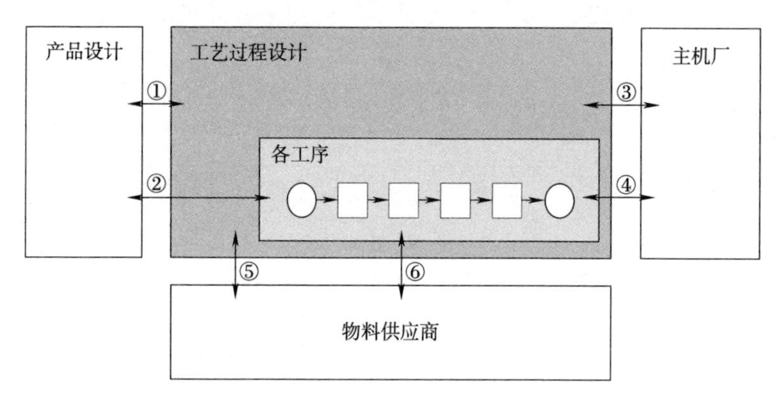

图 3-1　过程风险的接口

图 3-1 中,风险接口①、②、③、⑤表示产品设计和工艺过程设计之间的关系,即产品设计时要考虑相应工艺条件的约束。如果工艺达不到产品设计的要求,则过程工程师有以下三种选择:

①投资新工艺(一般是新设备)。
②改进现有的工艺条件(现有设备的技改、工装模具技术能力)。
③将过程外包(选择有加工制造能力的外包商)。

前两个选择需要投资成本、过程外包也需要支付成本。如果成本效益不符合企业的要求,产品设计工程师则需要修改产品规格。

风险接口④、⑥表示生产过程中,实际的产品(物料、零件、模块等)与具体某个生产过程的关系。

第 3 节　PFMEA 的实施步骤

PFMEA 实施步骤一:策划和准备

本步骤的目的是确定 PFMEA 分析应包括哪些过程和不包括哪些过程。其主要目标是:

①PFMEA 分析项目识别。
②PFMEA 项目计划:项目目标、时间安排、团队、任务和分析工具。
③PFMEA 分析边界。

④经验教训和基础 PFMEA 输入。

PFMEA 项目的识别和分析边界

- PFMEA 项目的识别：哪些产品过程需要进行 PFMEA 分析

过程开发小组对以下情况所涉及的过程需要进行 PFMEA 分析：

①客户采购产品所涉及的所有过程。

②产品变更和过程变更所涉及的过程。

③产品包含被客户定义为传递特性(Pass Through Characteristics，简称 PTC)所涉及的过程。

④替代过程(IATF 16949 8.5.6.1.1 过程控制的临时变更)。

⑤返工、返修过程(IATF 16949 8.7.1.4 和 8.7.1.5 返工产品和返修产品的控制)。

- 分析边界：哪些过程需要纳入 PFMEA 分析的范围

①加工过程：包括制造、装配、调试等过程；

②检测过程：来料检验过程、过程中检验过程、终检过程等，但不包括产品设计阶段所进行的产品检测过程及生产过程中的 Offline 试验(包含在实验室范围中)；

③返工、返修(含挑选、分选)过程等；

④物流过程：仓储过程(含出入库)、转序过程、物料/成品交付过程、包装过程；

⑤维护过程：设备和工装模具的维护过程等。

PFMEA 项目实施计划

确定 PFMEA 实施项目和分析范围后，项目团队应制定一个完整的 PFMEA 实施计划，内容包括：

①PFMEA 目标。企业与客户的项目合同中会明确项目目标，如质量目标 XXPPM，要实现这个质量目标，项目小组必须解决某些工艺技术问题，该问题就是 PFMEA 分析的具体目标。

②PFMEA 的时间安排。产品项目计划是 PFMEA 实施计划的约束，即在项目计划中标明 PFMEA 的里程碑。读者请参阅本书第一章第 4 节 FMEA 的实施和更新时机。

PFMEA 项目小组涉及的人员

PFMEA 项目小组的人员组成与 DFMEA 项目小组的人员组成不同。表 3-1 描述了 PFMEA 可能涉及的具体人员及其作用。

表 3-1　PFMEA 项目小组涉及的人员

潜在小组成员	能提供什么
操作人员	失效的目击证人，了解该失效及对生产线的影响，失效的验证。
设备维护人员(包括工装模具维修保养)	了解设备问题的历史，知道如何调整设备，失效的验证。
调试人员	工装模具的安装、工艺参数的设置。
制造/工艺工程师	了解工艺技术，可以进行工艺更改，设备控制参数更改，产品设计更改，失效的验证。
设计工程师	熟悉不同的材料，失效的验证者，产品设计更改，工艺设计更改。
顾客代表(如供应商质量工程师，简称 SQE)	顾客抱怨、百万分之一(PPM)、售后问题，以及顾客期望等。
其他(如供应商代表)	供应商/物流或其他相关方所关注的问题，如果需要的话。

需要特别注意的是，PFMEA 最好要多听取一线人员(操作人员、维护人员和调试人员)的意见。他们对生产中的各种问题有最直接的体验，这些意见对过程工程师分析 PFMEA 有很大的参考价值。

PFMEA 实施步骤二：结构分析

过程结构分析的目的是将制造系统分解成工序、工步和 4M 要素。该结构分析可以帮助 PFMEA 项目小组：

①将分析的范围可视化。

②识别过程的元素，工序、工步和 4M 要素。

③与客户和供应商的工程团队进行沟通。

④为功能分析提供基础。

过程流程图

过程流程图(Process Flow Diagram，简称 PFD)用来分析制造、装配、检测、物流的全过程中人、机、料、法、环的变差原因，它用来强调过程输入变差对过程结果的影响。过程流程图有助于对整个过程进行分析，而不是只分析过程中的个别步骤。

图 3-2 是过程流程图的一般形式，其中的符号可以由企业自己决定，或参考相应的国家标准，或与客户的符号保持一致。

过程流程图必须反映真实的制造过程。很多企业的现场布局经常发生变化，但却没有及时更新过程流程图，导致客户审核或第三方认证出现问题。过程流程图中必须包含物流过程(如:转序和仓储过程),两个工厂的工艺过程可能完全一致,但物流过程很难完全一致。汽车制造业非常重视物流过程,整车的零件种类繁多、体积大小差异很大,物流方式和路径的选择影响效率(隐性成本)和质量(磕碰、损坏、变质等)。

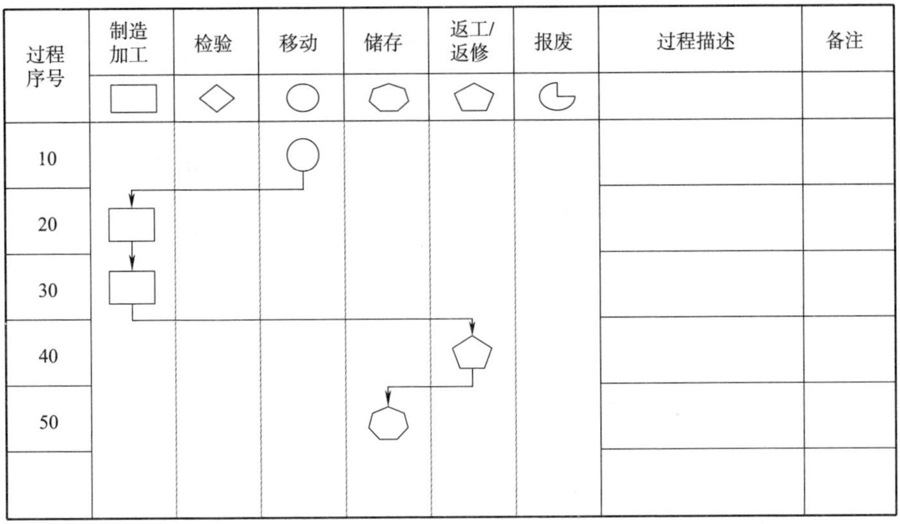

过程序号	制造加工	检验	移动	储存	返工/返修	报废	过程描述	备注
10								
20								
30								
40								
50								

图 3-2　过程流程图

图 3-3 是某汽车仪表面板过程流程图(节选),增加返工/返修和报废过程是为了满足 IATF 16949 的相关要求。

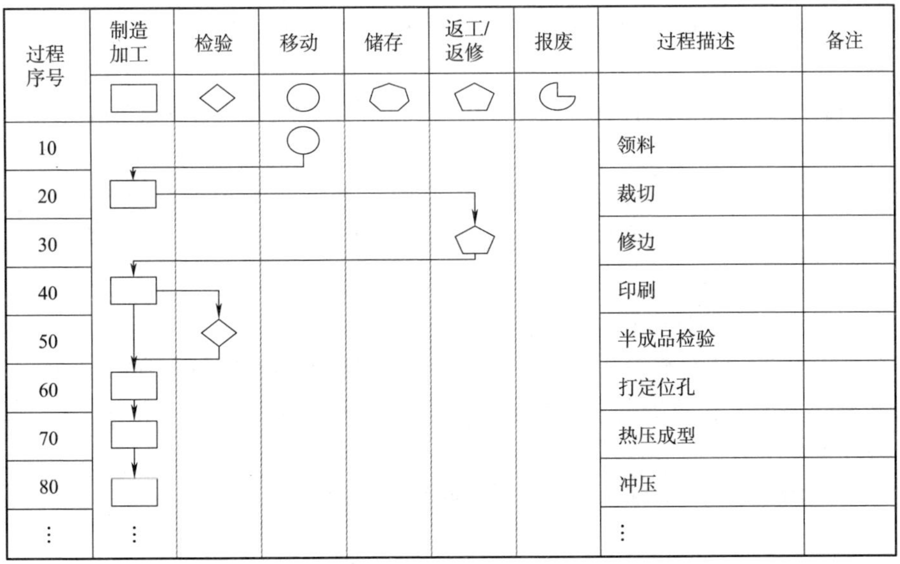

过程序号	制造加工	检验	移动	储存	返工/返修	报废	过程描述	备注
10							领料	
20							裁切	
30							修边	
40							印刷	
50							半成品检验	
60							打定位孔	
70							热压成型	
80							冲压	
⋮	⋮						⋮	

图 3-3　汽车仪表面板过程流程图(节选)

结构树

结构树的目的是将过程流程图按层级对过程系统要素进行细化,并通过结构连接展示其逻辑关系。

过程流程的结构分为:过程项、过程步骤和过程工作要素。图 3-4 是过程流程结构树的基本框架。

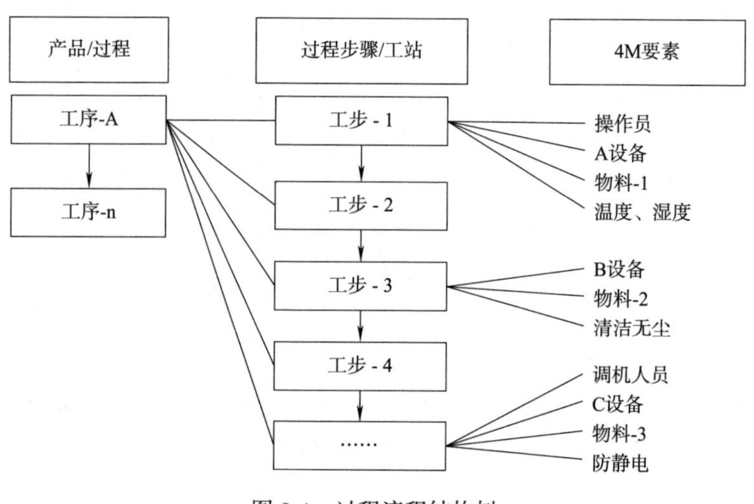

图 3-4　过程流程结构树

PFMEA 项目小组在分析过程结构树时,笔者建议按照"工序→工步→4M 要素"构建过程结构树。工序是过程结构树的最高级别,工序是一系列工步的组合。工步可以实现产品某个/某类特性或一组动作。4M 要素是过程结构树的最低层级,如人员、机器、物料(零件)、环境,当然也可以根据过程的实际情况,选择 5M 或 6M(方法、测量仪器)。

新版 PFMEA 要求将过程结构树定义为三个层级,但某些产品的过程流程比较复杂,其过程结构树可能会多于三层,此时必须保证过程结构树的最低层级是 4M 要素。

图 3-5 是 PCB 制造过程流程图(节选),至少包括四个层级。

根据以上的流程结构分析可知,将过程流程进行分层能展示更多的过程细节。如果用旧版 PFMEA 对 PCB 过程进行失效模式分析,通常只关注图 3-5 中的第一层级,如此会掩盖很多细节,失效分析就会不到位。

图 3-3 中的热压成型过程的结构树,如图 3-6 所示。

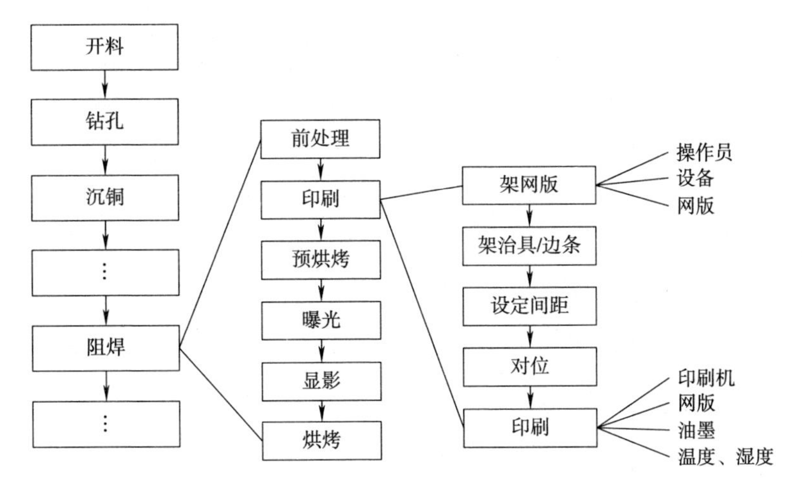

图3-5　PCB制造过程流程图(节选)

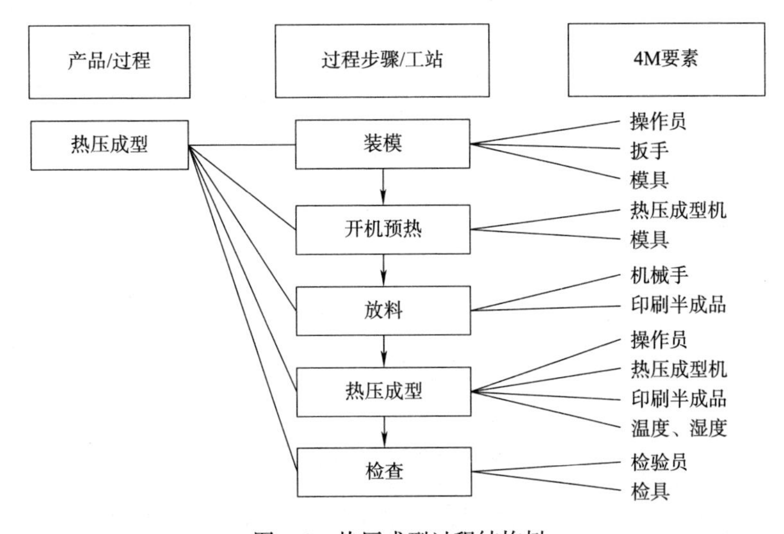

图3-6　热压成型过程结构树

在图3-6的结构树中必须识别各工序具体的4M要素(如:扳手、模具、机械手、热压成型机等),不能用人员、机器等笼统性术语进行描述。

将图3-6所示的结构树分析转化为PFMEA表格中的“结构分析(步骤二)”,见表3-2。

PFMEA项目小组首先应将工序填入“1. 过程项”栏位,它是结构树中的最高级别;然后将工步填入“2. 过程步骤”栏位,如:装模、开机预热、放料、热压成型。工步是失效分析的关注要素;最后在“3. 过程工作要素”栏位中填入4M要素,如:扳手、模具、机械手、热压成型机等。

表 3-2　热压成型 PFMEA 结构分析表

结构分析(步骤二)		
1. 过程项(工序)	2. 过程步骤(工步)	3. 过程工作要素(4M 要素)
热压成型	装模	操作员
		模具
		扳手
	开机预热	操作员
		热压成型机
		模具
	放料	机械手
		印刷半成品
	热压成型	操作员
		热压成型机
		印刷半成品
		环境
	检查	检验员
		检具
	⋮	⋮

图 3-5 所示的 PCB 结构树分析可以转化为 PFMEA 表格中的“结构分析(步骤二)”,见表 3-3。

表 3-3　阻焊印刷 PFMEA 结构分析表

结构分析(步骤二)		
1. 过程项(工序)	2. 过程步骤(工步)	3. 过程工作要素(4M 要素)
阻焊—印刷	架网版	操作员
		设备
		网版
	架治具/边条	⋮
		⋮
		⋮
	设定间距	⋮
		⋮

续表

结构分析(步骤二)		
1. 过程项(工序)	2. 过程步骤(工步)	3. 过程工作要素(4M要素)
阻焊—印刷	对位	⋮
		⋮
		⋮
	印刷	印刷机
		网版
		油墨
		温度、湿度
	⋮	⋮

无论过程的层级有多复杂,PFMEA的“步骤二:结构分析”只取其中三个层级,PFMEA项目小组首先要确定合理的“工序→工步→4M要素”结构。有的企业没有工序、工步这个说法,而是叫工站、工段,这些说法并不影响结构树的分析。无论过程分多少层,PFMEA都只取最低三层,保证最低层级是4M要素。且4M要素的识别要完整,如果漏掉某个4M要素,会导致后续的失效起因分析遗漏。4M要素中涉及的物料和设备(包括工装检具等),应与供应商保持沟通。

确定过程项、过程步骤(关注要素)和过程工作要素(4M类型)的三个层级关系对PFMEA的失效影响、失效模式和失效起因分析非常重要。PFMEA项目小组必须确保该层级结构的合理性。

PFMEA实施步骤三:功能分析

过程功能分析的目的是确保产品/过程的预期功能/要求得到合理的分配。完成PFMEA的步骤二:结构分析后,PFMEA项目小组应针对各层结构进行步骤三:功能分析。根据“工序/工步/4M要素→功能→要求”的逻辑链创建功能分析,如图3-7所示。

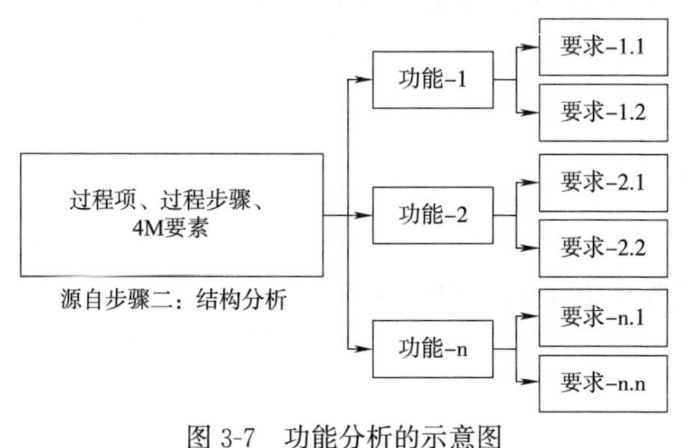

图3-7 功能分析的示意图

功能识别

- 功能定义

功能是描述过程项、过程步骤和过程工作要素(工序、工步和 4M 要素)的预期用途。过程的功能是实现产品功能或技术要求。

PFMEA 项目小组使用动词+名词组合来描述具体的某项功能,如:冲孔、涂胶、装支架、焊接底座;动词指示动作或状态(如:交付、控制、装配、传输、储存);名词指示与动作的联系(如:产品特性、物料名称等)。如果使用英文编制 PFMEA,功能描述中的动词使用现在时态。

过程功能和过程结构之间存在逻辑关系,以下两个问题可以帮助 PFMEA 项目小组定义过程功能:

问题一,过程步骤功能是用来做什么的?即过程步骤功能是如何实现产品/过程要求(过程工作要素功能→过程步骤功能→过程项功能)的?

问题二,4M 要素功能是如何实现过程步骤功能的?(过程项功能→过程步骤功能→过程工作要素功能)?

PFMEA 项目小组可以针对以下过程的功能描述:

①加工过程。制造和装配过程的功能是实现该工序/工步所产生的产品特性。调试过程的功能是调整该工序/工步设备或工装的状态以符合量产的需求。

②检测过程。无论是来料检验过程、过程中检验过程还是终检过程,其功能都是区分合格品和不合格品。半成品、产品本身是否合格与检测过程无关,检测的核心功能是将不合格品识别出来。

③返工、返修(含挑选、分选)过程。实现该工序/工步所产生的产品特性,或将某种产品挑选出来。

④物流过程。该过程的功能是改变产品的位置、方向、数量组合等,如移动、堆叠、储存等。

⑤维护过程。该过程的功能是确保设备和工装模具的状态正常,如识别异常的状态、修复某零件或更换某零件等。

- 要求(特性)

产品特性(要求)与过程功能的绩效有关,且是可测量或可判断的。产品特性(要求)体现在产品图纸或规格书中,如:几何尺寸、结构、表面状态、机械性能、电气性能等。过程功能就是要实现这些产品特性(要求)。

要求是对功能描述的进一步细化,描述过程要求时,可以参考图 3-8 所示的内容。

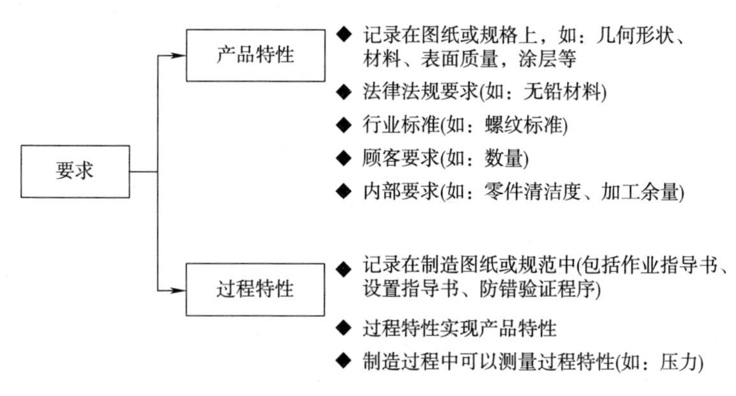

图 3-8　要求的类别

- 过程项功能/要求

新 PFMEA 要求过程项的功能分析要分以下三个层次。

①工厂内：描述与本工序有关的产品功能(要求)。

②交付至工厂(客户端)：描述与企业产品功能(要求)有关的客户产品的功能(要求)。

③最终用户(整车)：描述与企业产品功能(要求)有关的整车的功能(要求)或乘坐体验等。

以上三个层级的功能/要求之间的关系，如图 3-9 所示。

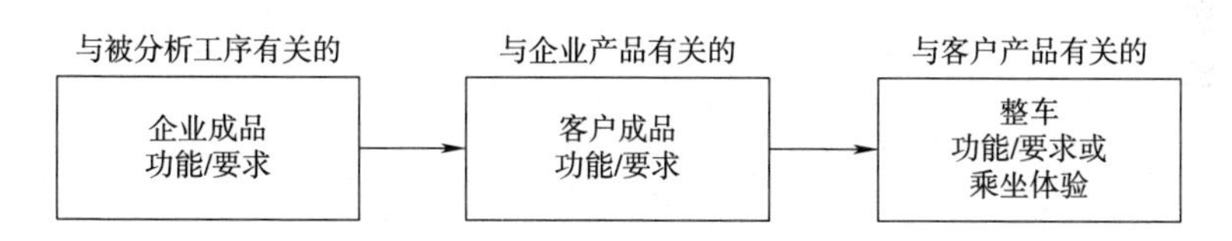

图 3-9　过程项功能/要求的层次

客户的产品是指与企业产品之间存在装配关系或连接关系的产品，该工厂未必一定是企业的客户，如：企业的直接客户是贸易商，贸易商再将产品销售给某制造商。要将这三个层级的功能关系描述完整，PFMEA 项目小组需要与客户保持密切地沟通和协作。

- 4M 要素功能/要求

4M 要素功能/要求的描述对 PFMEA 分析的成败起到关键作用。如果 4M 要素描述不正确或缺失，则失效起因分析就会有偏差或不正确，那么后续的预防措施和探测措施就无法起到应有的作用。但新版 FMEA 手册中没有给出具体的 4M 要素功能/要求定义的方法，笔者根据经验，总结以下 4M 要素功能/要求描述方法如下：

• 人员的功能/要求

主要描述人员在操作中的具体动作或资质要求

①安全操作点。该动作会危害人员的安全或健康,如:冲压过程要求操作员必须双手按,以防伤害到手。

②特定操作点。该动作必须得到执行以完成某个操作,如:确认模具的防错线、对位。

③质量控制操作点。该动作影响产品质量特性的实现,如:扳手扭力的设定。

④容易操作窍门。该动作影响操作的效率或影响操作的难易度,俗话说的牵牛要牵牛鼻子。要了解操作窍门就要与操作人员多沟通。

⑤资质标准要求。上岗的资格要求,如:技能、经验或培训要求。

作业人员在操作中会执行很多动作,PFMEA 项目小组主要是识别和关注以上①~④四种动作。

• 设备的功能/要求

PFMEA 项目小组可以从以下四个方面来描述:

①运行参数(设定)。及某些工艺参数的设定,如:加热温度、时间等。

②设备与物料的接触点/面。这些接触点/面的状态,如:无异物、无凸出物、无沾污、磨损状态等。

③易损件/零件的状态或特性。该状态或特性会影响设备的运行状态或工艺参数的变化,如:加热电阻丝异常会影响温度。

④运行参数的变化。运行参数的变化范围,如:温度 50±5 度。

• 物料

主要描述物料或零件的产品特性或物流要求。

①物料特性。与被分析工步有关系的物料或零件的特性,如:装配尺寸。

②物料与人员的接触点/面。有些物料或零件不能直接用裸手接触,或只能接触某个特定的区域。

③物流要求。影响被分析工序作业的物流要求,如:放置方向、正反、数量、保质期等。

• 环境

主要是指工序/工步的现场环境,如:温度、湿度、无尘、防静电等。

①物料对环境的要求。有些物料的存放、加工对环境有要求,如:PCB 制造用的干膜存放要恒温、恒湿、黄光安全区,且防止与化学药品和放射性物质一起存放。

②设备对环境的要求。某些设备的正常运行对环境有要求,如:温度、湿度、振动等。

③人员对环境的要求。对操作人员的效率、安全和健康有影响的环境要求。

4M 要素功能和要求的描述要越细越好，越底层越好。人员的功能/要求主要描述其重要的作业动作；物料的功能/要求主要描述其特性或物流要求；设备的功能/要求主要描述运行参数或其零件的状态；环境的功能/要求主要描述物料和设备对环境的要求。这些功能和要求的描述应明确。PFMEA 项目小组应多花时间研究 4M 要素的功能和要求的描述，这对后续失效起因的识别很重要。4M 要素的功能和要求描述最后会转移至控制计划中的过程特性栏位（人员、设备和环境）和产品特性栏位（物料和零件）。

功能分析结构树

过程项功能、过程步骤功能和过程工作要素功能之间存在逻辑关系。其功能分析树，如图 3-10 所示。

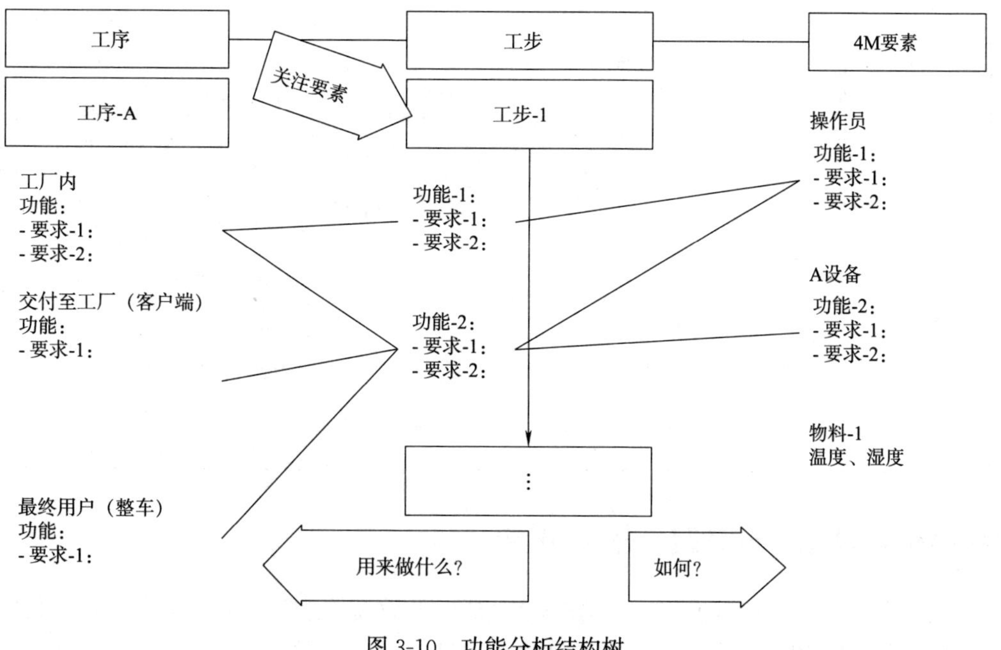

图 3-10　功能分析结构树

结构树能很好地帮助 PFMEA 项目小组将过程项、过程步骤和过程工作要素三者的功能关系联系起来，对后续的失效影响、失效模式和失效起因分析非常重要。

将图 3-10 所示的功能树转化为 PFMEA 表格中的“功能分析（步骤三）”，见表 3-4。

表 3-4 热压成型 PFMEA 功能分析表

结构分析(步骤二)			功能分析(步骤三)		
1. 过程项(工序)	2. 过程步骤(工步)	3. 过程工作要素(4M 要素)	1. 过程项功能	2. 过程步骤功能	3. 过程工作要素(4M 要素)功能
热压成型	装模	操作员	工厂内： 功能：形成结构和尺寸 要求：符合设计图纸 交付至工厂(客户端)： 功能：无 要求：安装尺寸 最终用户(整车)： 功能：显示仪表指示 要求：N/A	功能：安装模具 要求：位置正确、稳固	确认防错线
		模具			型号、使用车数
		扳手			扭力
	开机预热	操作员		功能：加热 要求：至预定的温度	设定温度、时间
		热压成型机			显示温度
		模具			温度
	放料	机械手		功能：上料 要求：不损坏、不脱落	接触面无异物
		印刷半成品			放置的正反面
	热压成型	操作员		功能：成型 3D 效果 要求：符合客户装配要求	资质要求
		热压成型机			压力、温度变化、加热电阻丝状态
		印刷半成品			材料拉伸形变
		环境			温度、湿度
	检查	检验员		功能：区分合格品和不合格品 要求：不误判、不漏判、不损失产品	资质要求
		检具			有效期
	⋮	⋮			

PFMEA 实施步骤四：失效分析

PFMEA 失效分析的目的是确定失效起因、失效模式和失效影响，并澄清它们之间的逻辑关系，以便后续的风险分析和优化改进。

汽车行业要求对合同项目所涉及的所有过程的失效链(包括潜在失效影响、失效模式和失效起因)进行识别和确定，以此确定客户、企业和供应商之间的合作和责任分担。

对于风险不是很高的非汽车行业产品，笔者建议仅对合同项目所涉及的重要过程或关键过程或影响其客户满意度的过程进行失效链分析。对于风险比较高的非汽车行业产品，笔者建议还是分析合同项目所涉及的所有过程失效链。

失效和失效链

过程项、过程步骤和过程工作要素功能的失效是由产品特性和过程特性推导出来的,如:

①不符合要求。
②任务的不一致或被部分执行。
③非预期的活动(如:工伤、噪声、废气等)。
④不必要的活动(如:多余的动作等非增值活动)。

以上四种情况即为过程的失效。新FMEA手册将浪费(不必要的活动)也视为一种失效,由此可见对成本控制的重视。

针对某个特定的失效,它可以有三种表现形式:失效影响(FE)、失效模式(FM)和失效起因(FC)。我们可以把FE－FM－FC的逻辑关系称之为失效链。从本质上来说,失效影响、失效模式和失效起因都是失效。我们把过程项(工序)功能的失效定义为失效影响,过程步骤(工步,即关注要素)功能的失效定义为失效模式,过程工作要素(4M要素)功能的失效定义为失效起因。他们之间的逻辑关系,如图3-11所示。

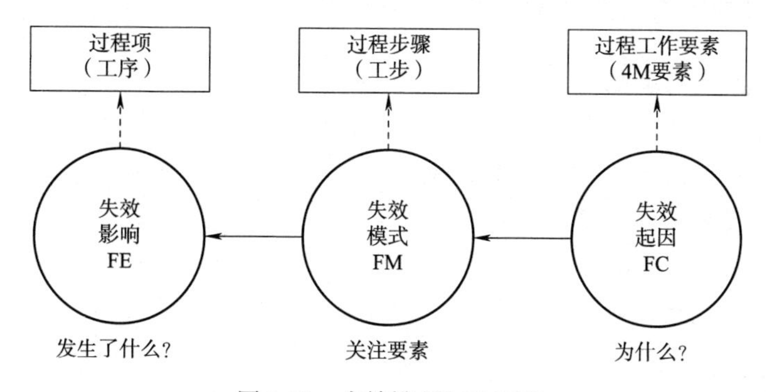

图3-11 失效链FE-FM-FC

失效影响

过程项(工序)的失效被定义为失效影响(Failure Effects,简称FE),PFMEA项目小组可以将失效影响描述为客户的负面体验,尤其要重视那些影响安全和导致不符合法规的失效。这里所说的客户可能是:

①内部客户(下一工序/后工序/作业目标,如:产能)。
②外部客户(下游客户/主机厂/经销商)。
③车辆驾驶者和乘客等。

④立法机构。

新 FMEA 手册将失效影响分为以下三个层级。

①工厂内:某工序的失效被检测到,对工厂会造成什么影响(如:报废、返工等),最严重的是在成品环节会造成什么影响?

②交付至工厂(客户端):某工序的失效因内部未检测到而流到客户的工厂,对客户的工厂会造成什么影响(如:停产)?该类失效影响的识别可以参考零公里问题清单。

③最终用户(整车):某工序的失效最终流到消费者手中,对消费者会带来哪些不好的体验?该类失效影响的识别可以参考售后问题清单或车辆评测报告。

有些工序的失效是不可能流到客户端或消费端(如:整车少装一个轮胎)的,此时只考虑工厂内层级的失效影响。如果工序的失效有可能流到客户端,则需要考虑工厂内和交付至工厂两个层级的失效影响。如果工序的失效有可能流到消费端,则需要考虑工厂内、交付至工厂(客户端)和最终用户(整车)三个层级的失效影响。

失效影响的对象要考虑以下两个:

- 对过程的影响

①在工序×无法装配。
②在工序×不能钻孔。
③导致工序×的××刀具过度磨损。
④导致工序×的××设备损坏。
⑤导致工伤。
⑥产能减低或加工时间过长。
⑦停线。
⑧损坏物料……。

- 对产品的影响

①异响。
②异味。
③外观不合格。
④尺寸不合格。
⑤机械强度不合格。
⑥返工/返修。
⑦报废……等。

失效模式

过程失效模式(Failure Mode,简称FM)是指过程导致产品无法交付或无法实现预期功能的方式。此时PFMEA项目小组应假设产品设计是正确的,但如果存在设计问题,且此设计问题会导致过程失效,则应当与设计团队沟通此设计问题,并使问题得到解决。

失效模式应该使用技术术语进行描述,而不是客户所体验到的症状。具体的表现形式可以参考内部过程的不合格报告,或类似过程的不合格报告。

失效模式可以分为以下七种类别:

①产品功能完全丧失、部分丧失、退化、不符合技术/图纸要求。

②过程功能丧失或部分丧失、操作未能执行。

③过程运行不稳定。

④过程功能加工过度。

⑤过程功能延迟或提前。

⑥非预期过程功能,如:操作错误、噪声等。

⑦装错零件。

失效起因

失效起因(Failure Cause,简称FC)是失效模式发生的原因,失效模式是失效起因的结果。PFMEA项目小组应尽可能地列出每个失效模式的每一个可以想象的失效起因。失效起因应尽可能简洁、完整地描述,以便针对相关的原因进行补救措施(预防和探测措施)。

根据PFMEA分析"步骤三:功能分析",失效起因源于4M要素功能的失效。具体来说,PFMEA项目小组可以从以下四种类型中识别失效起因:

①人员的功能/要求的失效。即人员的安全操作点、特定操作点、质量控制操作点、容易操作窍门操作中的具体动作不到位、错误或遗漏,或者人员的资质标准要求定义错误。

②设备的功能/要求的失效。即运行参数(设定)错误;设备与物料的接触点/面有异物、有凸出物、玷污、磨损过度等;易损件/零件的状态或特性有异常;运行参数的变化超出标准。

③物料失效。即物料特性异常(假设进料是正常的,但在工厂存储期间发生变化);物料与人员的接触点/面异常;或物流要求异常。如:放置方向错误、正反错误、数量错误、保质期超标等。

环境失效。即物料因环境变化而异常;设备因环境变化而运行异常;或人员因环境变化而低效或安全健康受损。

4M要素的功能/要求定义的越清晰明确,定义失效起因就越容易。

在PFMEA分析的实践过程中,很多工程师喜欢将失效起因归结为人为错误。所有人员都有可能犯错,一线的操作人员也不例外。当PFMEA项目小组在将失效起因定义为人员错误时,请确认操作人员在上岗前是否处于受控状态。以下的细节供PFMEA项目小组参考:

- 操作人员已知道过程操作的要求是什么(作业能力)

①已制定了清晰明确的上岗标准,且对相应的操作人员进行了培训和考核。
②作业标准书简洁、易懂、无歧义且可视化,满足岗位操作使用需求。
③如果作业标准书有发生变更,相应的操作人员有接受再培训。
④岗位的操作职责分配明确,无遗漏、冲突或错位。

- 在作业过程中,操作人员明确了解自己已完成或未完成某项要求(检测能力)

对操作人员的作业结果提供了明确的反馈,如后工序的检查反馈、设备反馈等。

- 操作人员已掌握调整作业的程序和方法(调整能力)

①哪些人员有权进行调整(如:技术人员、班组长、操作人员或其他管理者)。
②操作人员已掌握采取什么措施可以纠正作业过程,且能获得通报的信息。

失效分析

结构分析、功能分析和失效分析(Failure Analysis,简称FA)完成后,PFMEA项目小组可以构建一个如图3-12所示的风险网。该风险网从产品角度分为三个层级:结构层、功能层和失效层;从过程角度也分为三个层级:过程项(工序)层、过程步骤(工步)层和过程工作要素(4M要素)层。这两个角度共形成九个控制节点,能帮助PFMEA项目小组捕获到更多的信息逻辑关系,自然就能管理更多的产品风险和过程风险。

产品图纸/技术要求是PFMEA功能/要求分析的源头,产品图纸/技术要求来自客户的设计部门或本公司的设计部门。新PFMEA将工序功能/要求的失效定义为失效影响、工步功能/要求的失效定义为失效模式、4M要素要求或特性的失效定义为失效起因。失效影响、失效模式和失效起因本质上都是失效,基于它们处在不同的结构层,分别定义为不同的风险名称。

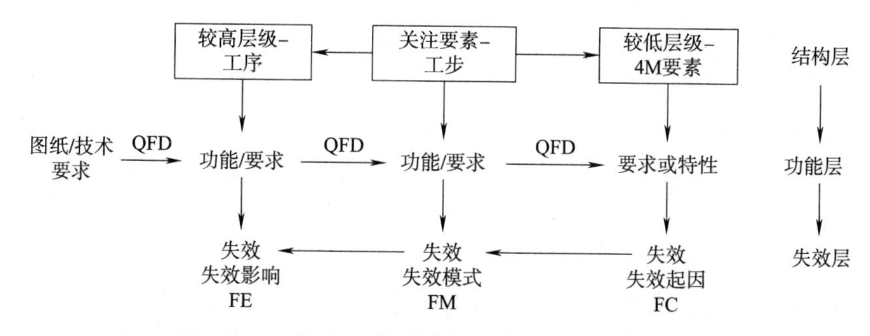

图 3-12　风险网(结构层→功能层→失效层)的建构

根据以上的分析,表 3-4 所示的热压成型 PFMEA 功能分析表,其对应的失效分析,见表 3-5。

表 3-5　热压成型 PFMEA 失效分析表

功能分析(步骤三)			失效分析(步骤四)		
1. 过程项功能	2. 过程步骤功能	3. 过程工作要素(4M 要素)功能	1. 对较高层级/用户的失效影响-FE	2. 关注要素的失效模式-FM	3. 4M 要素的失效起因-FC
工厂内: 功能:形成结构和尺寸 要求:符合设计图纸 交付至工厂(客户端): 功能:无 要求:安装尺寸 最终用户(整车): 功能:显示仪表指示 要求:N/A	功能:安装模具 要求:位置正确、稳固	确认防错线	工厂内: 报废 交付至工厂(客户端): 无法安装 最终用户(整车): 仪表盘指示功能失效	位置偏移、不稳固	确认防错线错误
		型号、使用车数			型号错误 使用车数超规定
		扭力			扭力错误
	功能:加热 要求:至预定的温度	设定温度、时间		预热温度偏低或偏高	温度、时间设定错误
		显示温度			显示温度不正确
		温度			温度偏低或偏高
	功能:上料 要求:不损坏、不脱落	接触面无异物		方向错误 损坏	接触面有异物
		放置的正反面			正反面错误
		资质要求			资质不达标
	功能:成型 3D 效果 要求:符合客户装配要求	压力、温度变化、加热电阻丝状态		成型 3D 效果不符合图纸 装配尺寸不合格	压力、温度变化大 加热电阻丝状态异常,如断裂
		材料拉伸形变			材料拉伸形变量大
		温度、湿度			温度、湿度变化大
		资质要求			资质不达标
	功能:区分合格品和不合格品 要求:不误判、不漏判、不损失产品	有效期		漏判或误判	校准过期
	⋮	⋮	⋮	⋮	⋮

PFMEA 和 DFMEA 的关系

某个产品特性的设计失效会导致该产品的某些功能失效。相应的过程失效也能导致无法实现该产品特性,即产品的某些功能也会失效。此时 DFMEA 和 PFMEA 的失效影响描述是一致的。新 FMEA 要求在 DFMEA 中未被识别的失效影响,必须在 PFMEA 中重新定义和评估。

DFMEA 主要是识别和关注设计的问题所在,如:功能或功能定义错误、选材错误、规格定义错误等。PFMEA 主要是识别和关注制造过程的问题所在,如:加工路径/方法选择不当、设备状态/加工精度异常、物料特性变化异常、制造环境异常等。

对某个具体的产品功能,无论是设计错误还是制造错误,如果这些问题流到客户端其失效影响一般是相同的,其相应的严重度评分一般也是相同的。原则上,产品设计的问题应该从设计上去选择解决方案,这样解决问题的成本是一次性的,而不应该将该问题扔给工艺部门去解决。除非该设计问题的解决存在技术瓶颈,或解决成本非常高昂,那么可以通过工艺方法来控制该问题,但并不能解决该问题,而且成本是重复的。

DFMEA 和 PFMEA 的关系,如图 3-13 所示。

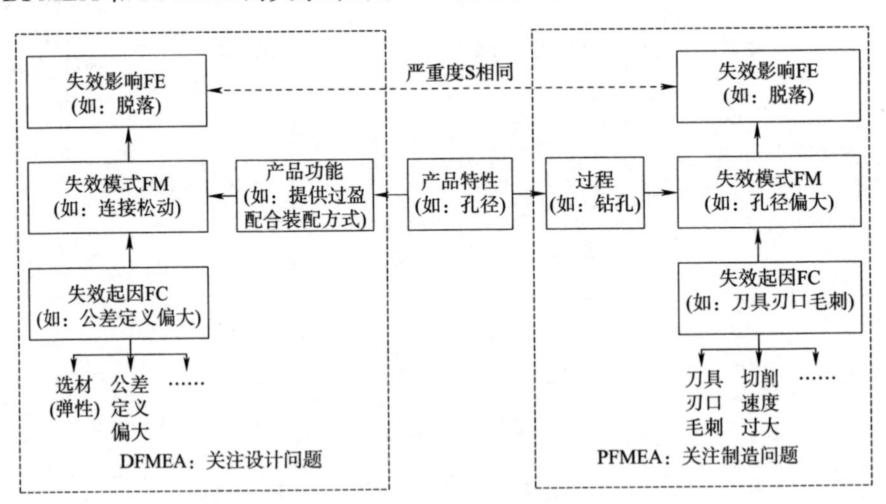

图 3-13　DFMEA 和 PFMEA 的关系

如某安装孔为产品提供过盈配合装配方式,可能发生的失效模式为连接松动。如果该失效模式流到客户端,会导致客户的产品承载力偏小而脱落,其失效起因可能是该安装孔的公差定义偏大或选材有误(如:弹性偏小)等。这些都是产品设计要考虑的问题点,即为 DFMEA 分析的内容。在加工该安装孔时,可能发生孔径加工偏大的失效模式。如果该失效模式流到客户端,也会导致客户的产品承载力偏小而脱落,其失效起因可能是刀具刃口毛刺、切削速度过大等。这些都是工艺设计和工艺管理要考虑的问题点，即为PFMEA分析的内容。此外，如果该安装孔的公差设计偏大，即便加工正确（符合图纸要求），也会导致客户端发生脱落的失效影响。

由此可见，对失效影响、失效模式和失效原因的准确识别和定义，关键在于各参与方之间的沟通，以及了解DFMEA和PFMEA中所分析的失效存在的异同点。

PFMEA实施步骤五：风险分析

风险分析（Risk Analysis）的目的是评估严重度、发生频率和探测度的评分来估计风险的等级，并借此梳理现行的过程控制措施（Process Controls）是否完整以及有效性如何。现行的设计控制措施是基于以前类似过程创建的，其有效性已被验证。

过程控制措施分为两种：预防措施和探测措施，如图3-14所示。

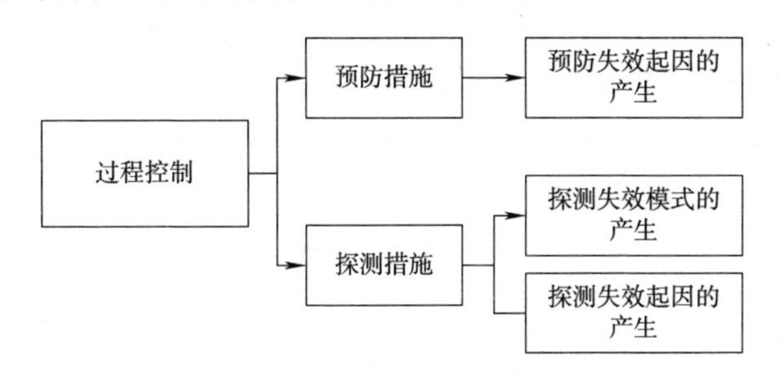

图3-14 过程控制措施的分类

预防措施是针对失效起因采取措施，阻止失效起因在产品生命周期内的发生。探测措施是针对失效模式和失效起因采取措施，在设计冻结之前将失效模式或将失效起因探测出来。

当前预防措施

当前预防控制措施（Current Prevention Controls，简称PC）描述了如何使用现有的或计划中的活动来阻止或减少失效起因的发生。根据笔者的经验，预防措施可以分为以下六种类别。

（1）工艺防错

工艺防错（Error-proofing，or Poka-Yoke）是利用防错装置，防止人、材料和设备产生错误的一种工程技术。工艺防错强调对过程进行设计，使得错误不会发生或者至少及早地检查并纠正，使生产地点和生产程序从源头就能防止错误，建立一个零错误的工作环境。

防错装置的设计可以基于以下三个基本功能，见表3-6。

表 3-6　防错装置的基本功能

防错装置的基本功能	错误存在的状态	
	错误即将出现:预防	错误已经出现:探测
停机	错误即将发生时预告错误后停机	当发现错误时立即停机
控制	经过控制使错误不可能发生	错误已经出现,但错误项目不允许流入下道工序
警告	发出异常信号,表示即将出现错误	发出已经出现错误的信号,要求操作者采取措施

工艺防错分为以下四种类型:

①有形防错。是针对产品、设备、工具和作业者的特性,采用的一种硬件防错模式。如电饭煲中未加入水,加热开关就无法设定至加热位置,只有加水,加热开关方可打至加热位置。

②有序防错。针对过程操作步骤,对其顺序进行监控或优先对易出错、易忘记的步骤进行作业,再对其他步骤进行作业的防错模式。

③编组和计数式防错。通过分组或编码方式防止作业错误的防错模式。

④信息加强防错。通过在不同的地点、不同的作业者之间传递特定产品信息以达到追溯的目的。

在设计工艺防错装置时,有以下十个原则供 PFMEA 项目小组参考。

原则一,断根原理

将造成错误的原因从根本上排除掉,绝不发生错误。

例 1,某测试工位,由于员工在使用键盘敲击测试程序时,容易单击到其他键位,造成死机现象。处置方法如下:

①在需要敲击的键位上贴红色色标。

②将键盘上需要敲击的键位旁边的其他键位予以撤除,避免被误敲的现象。

例 2,某测试工位,由于员工在工作时常出现漏测某一道程序项目,造成质量隐患。处置方法如下:

①要求员工每完成一个测试项目就记录测试结果。

②设计人员修改测试程序,如上一个项目漏测,则下一项目无法进入待测状态。

原则二,保险原理

采用两个以上的动作,必须共同或依序执行才能完成工作。一般以共同、顺序、交互等动作来防错,如必须双手同时按下才能操作的冲压设备。

原则三，自动原理

以各种光学、电学、力学、机构学、化学等原理来限制某些动作的执行或不执行，以避免错误，如SMT贴片机中的各种自动停机装置、自动洒水装置(室内烟感报警配套装置)。

原则四，相符原理

使用检核是否相符合的动作，以防止错误的发生。

①颜色相符。红绿灯、工作服、良品与不良品盒颜色。

②声音相符。蜂鸣声。

③气味相符。汽油、煤气、酒精。

④形状相符。各种防错治具、工具柜内“5S”摆放参照图形、不良品参照物。

⑤数字相符。游戏机钱币盒、条码机扫描、机器上的计数器。

原则五，顺序原理

避免工作的顺序或流程前后倒置，如检查表(机器设备保养、5S检查表)、作业流程图、物料按组装先后摆放顺序提示。

原则六，隔离原理

通过分隔不同区域的方式，使不能造成危险或错误。

如冲床上红外线感应器，以防工伤意外；工场地面上的各种区域标识线（如：人行线、材料区、成品区)；对危险品的特殊保管措施(如注塑机的安全门、变压器周围的保护栅、火警用品储放柜)。

原则七，复制原理

同一工作如需做二次以上，最好采用复制方式来达成，如做饼干糕点模具、各种检验印章。

原则八，层别原理

为避免将不同工作做错，而设法加以区别出来，如文件架(待处理、已批阅等摆放标识)、合格品和不合格品的位置区分、回收与不可回收标识。

原则九，警告原理

如有不正常的现象发生，能以声光或其他方式显示出各种警告的信号，如会报警的开水壶、电梯超重提示、地铁门关闭感应装置、用颜色作警示的装置。

原则十，缓和原理

以各种方法来减少错误发生后所造成的损害，降低损害程度，如缓冲类物品(海绵、泡沫、珍珠棉、手机包装盒、鸡蛋包装盒)，轮船两侧挂着的旧轮胎、汽车前的安全防撞栏杆。

(2)定义设备/工装加工精度、技术能力

设备/工装的加工精度或技术能力对产品特性质量绩效的实现起到决定性的作用。不同设备的加工精度或技术能力有不同专业术语的描述,如:SMT贴装精度是指元器件贴放后元件引脚与相应焊盘中心的最大允许偏差。设备说明书提供的分辨率并不意味设备视觉系统能够分辨元器件的能力,而是指贴装机分辨空间连续点的能力。重复精度是指SMT设备始终如一的贴放到规定位置的能力。

再例如,机加工的基本加工工艺有:车、铣、刨、磨、钻、镗、铰等,再加上压铸、注塑、冲压、钣金、锻造等成型工艺,就是大部分机械产品所具备的生产工艺了。不同的企业由于产品不同,对各种生产工艺的侧重点不同。PFMEA项目小组应了解自己所在工厂的主要生产工艺及设备加工精度,并作出如表3-7所示的加工精度等级表,供PFMEA项目小组评估产品特性对加工精度的要求。

表3-7 加工精度等级表(节选)

加工方法	IT等级																	
	01	0	1	2	3	4	5	6	7	8	9	10	11	12	13	14	15	16
研磨	■	■	■	■	■	■	■											
珩						■	■	■	■									
圆磨							■	■	■	■								
平磨							■	■	■	■								
拉销							■	■	■									
铰孔								■	■	■	■	■						
车									■	■	■	■	■					
镗									■	■	■	■	■					
铣										■	■	■	■					
钻孔												■	■	■	■			
冲压												■	■	■	■	■		
压铸													■	■	■	■		
锻造																■	■	
……																		

如果设备的加工精度不够,无法满足产品特性的技术要求,那么企业有以下三种选择:

①购买精度更高的加工设备。

②对现有设备进行技术改造,提高其加工精度。

③寻找合适的外包加工商。

模具精度是指加工获得的零件精度。模具精度的内容包括四个方面：尺寸精度、形状精度、位置精度、表面精度。由于模具在工作时分上模、下模两部分，故在四种精度中以上、下模间相互位置精度最为重要。在开模之前对模具精度需求的分析研究是一种非常重要的预防措施。对某些产品而言，如冲压产品、塑胶成型产品，模具是大部分不合格品原因的来源。如果可行，最好能对模具开发做一个 DFMEA 分析，识别和确定模具设计、加工制造、使用和维护过程中可能存在的问题点及其原因和预防措施。

企业在项目可行性评估时，其中的一个重点是对现有的设备和工装的加工精度或技术能力进行评估。

但新版 FMEA 中，在预防措施中关于设备的描述重点是预防性维护、设备验收等。笔者认为对设备/工装的加工精度或技术能力的研究是最重要的预防措施。如果设备工装的加工精度或技术能力存在不足，其他的预防措施都无法弥补或替代。很多产品问题就是源于设备/工装的加工精度或技术能力的不足。

(3)制定作业标准文件(Standard of Procedures 简称，SOP)

过程作业指导书应详细描述操作员为生产合格的产品所必须执行的控制和措施。各类作业标准文件之间的关系，如图 3-15 所示。

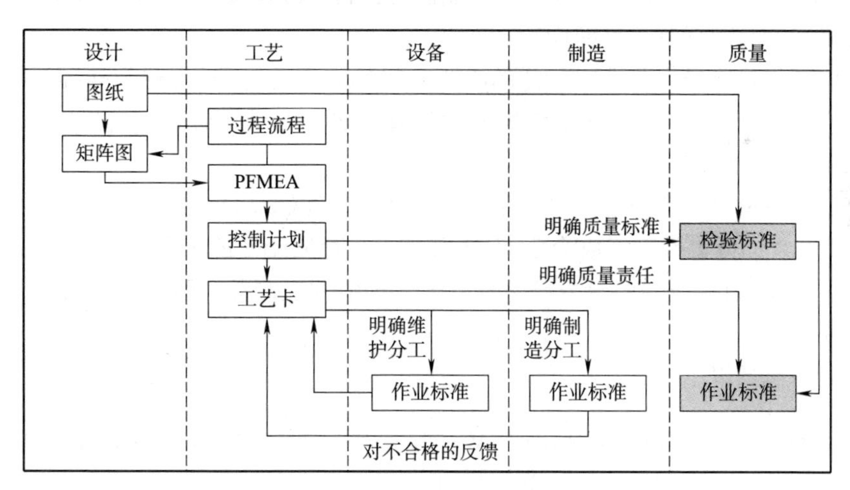

图 3-15　各类作业标准文件的关系

制定一份有效的作业标准书，必须包含以下四个要素：

要素一：作业顺序

作业顺序应考虑下述两项内容：

• 符合动作经济四原则的动作，即已进行了动作改善

原则一，减少动作次数，如：

①去除动作本身(连接动作、不自然的动作、多余的动作)。

②减少动作次数(辅助性动作)。

原则二,动作同时进行,如:

①双手同时作业(对照性作业更容易做)。
②减少等待时间(作业量的均衡性)。

原则三,缩短动作的距离,如:

①绕圈走→站着不动→肩动→胳膊动→前腕动→手动→手指动。
②曲线移动变为直线移动。

原则四,使动作轻松,如:

①去除限制动作的要因。
②减轻重量(利用重力或导板)。

- 没有浪费的交叉作业,即对作业编制已进行了改善

要素二:作业时间(标准时间)

将熟练作业人员在作业时所需的必要时间称为作业时间(也称为标准时间)。或者实施动作研究,这方面的内容本书不赘述,请读者参考动作研究的相关书籍。

要素三:标准在制品数量

在制品数量是指所有加工过程中的库存数量。在制品是半成品,一般不能卖给客户。例如:10 个覆盖件已完成涂装,但还需要 3 小时油漆才能干燥,此时这 10 个覆盖件就是在制品库存。在制品数量包括:工序生产中的在制品、运输中的在制品和周转用的在制品。

在制品包括以下三种:

①工序生产中的在制品(Process WIP),主要是衡量生产是否存在瓶颈或过量生产,其库存数量=过程循环时间/节拍时间。

②工位与工位之间的在制品(Station to Station WIP),即工位与工位之间的 WIP 数量。

③工序与工序之间的在制品(Process to Process WIP),即工序与工序之间的 WIP 数量。这里的工序与工序之间指的是节拍时间不一致的工序和孤岛作业情景。其库存数量=(前工序换型时间+运输时间)/前工序节拍时间。

要素四:作业重点

各主要作业步骤中很重要的地方,如果不遵守的话将会损害产品质量、作业安全

及作业工时等。具体可以参考“4M要素功能/要求”中识别的四类动作：安全操作点、特定操作点、质量控制操作点和容易操作窍门。

(4)保养标准

设备维护的目标确保设备处于正常的运行状况，满足产品制造的需求。设备的维护活动主要有三类，见表3-8。

表3-8 维护活动的类别

类别	内容	案例
预防性保养	基于运行时间，也称周期性保养。	每日点检 每周点检 每月点检
预见性保养	基于设备状态，一般要进行数据分析。	如监控设备的能耗波动状况，决定是否需要采取保养措施。
检修	为防止重大意外故障，主动停机进行拆解、维修、更换零件、重新装配恢复使用。	发电锅炉周期性检修。

企业根据设备运行的需求和法规的要求，选择合理的保养活动。

• 如何实施预防性维护

首先是实施以防止设备劣化为目标的点检活动。点检是指利用人们的五官感官、简单的仪表、工具或精密检测设备和仪器，按照事前策划好的五定管理和点检实施五要素，对运行的设备实施全过程动态的检查。点检的分类如图3-16所示。因此，设备点检是一种及时掌握设备运行状态、指导设备状态检修的一种科学的管理方法，也是设备管理的一个核心。

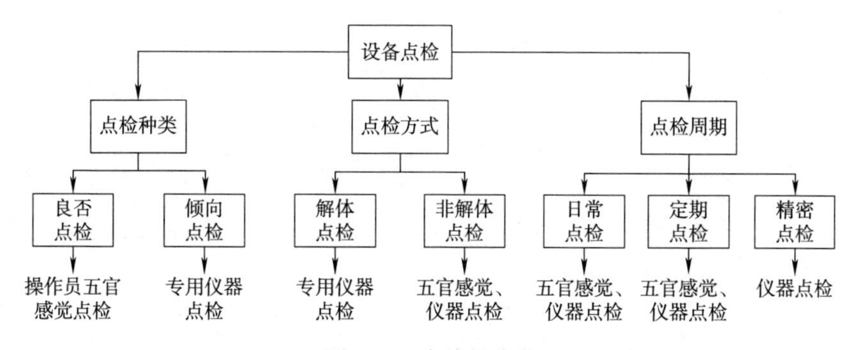

图3-16 点检的分类

五定管理是指点检人员实施点检时，要对点检对象做到定点、定期、定法、定人和定标。

①定点：设备上需要点检的具体位置。

②定期:对设备的状态控制点而言,是指两次点检作业的间隔时间。点检周期过长,难以保证设备点检的有效性;点检周期过短,则降低了点检工作的效率。设备点检周期,应该由设备状态受控点在生产中的重要程度和该状态受控点发生故障的概率所决定。

③定法:点检的实施方法,如:目视、听音、敲打、嗅觉、解体或精密等。

④定人:由谁执行某项具体的点检,可以是操作人员、设备维修人员或专门的点检员。

⑤定标:点检标准是衡量或判别点检部位是否正常的依据,也是判别该部位是否劣化的尺度。因此,凡是点检的对象设备都有规定的判定标准,点检人员要掌握和熟悉它,以便采取对策,消除偏高标准的劣化点,恢复正常状态。其内容包括:压力、温度、流量、泄漏、给油脂状况、异音、振动、龟裂(折损)、磨损、松弛等要点。

【案例】给水泵点检作业指导书,见表3-9。

表3-9 给水泵点检作业指导书

序号	检查部件项目	内容	点检周期	状态		点检方法								点检标准	点检员
				运行	停止	目视	手摸	听音	敲打	嗅觉	解体	精密	其他		
设备名称:给水泵			设备编码:												
1	进口滤网	滤网压差	D	√		√								≤1.0 bar	
2	压力、流量	进出口压力	D	√		√						√		正常	
3	辅助设备、管道	现场设备管理	D	√		√								符合5S管理标准	
		各辅助设备的连接螺丝	D	√		√								紧固、无松动	
		各附属管道、阀门等	D	√		√	√							各隔离阀、疏水阀、调节阀阀位正常、无泄漏	
4	运行状态	噪声及异响	D	√				√						无异常噪声及异响	
5	油系统	系统泄漏	D	√		√								无漏油	001
		油质	D	√		√								无异物、杂质,颜色正常	
6	泵	机械密封冷却水	D	√		√								冷却水温度正常	
		机械密封	D	√		√								运行中无水滴出	
		润滑油流量	D		√	√								各轴承回油流量正常	
		轴承温度	D	√								√		≤75 ℃	
		轴承振动	D	√								√		振动<0.07 mm	

点检实施四个要素是指:制定点检标准、编制点检计划、理顺点检路线、实施点检作业及点检绩效管理。

• 点检标准

是针对定标的项目进行具体的细化，比如，《给油脂点检标准》应包括以下内容的详细描述：

①给油脂部位。

②给油脂方式。

③油脂品种牌号。

④给油脂点数。

⑤给油脂量与周期。

⑥油脂更换量及周期。

⑦给油脂作业的分工。

• 点检计划

点检人员应根据点检标准的要求，按开展点检工作方便、路线最佳并兼顾工作量的原则，编制所辖设备的点检计划；为了达到路线最佳的目的，在编制周计划时，应把相近的设备列入同一天点检计划；为了使点检工作量均衡化，对每周检查一次的设备，均衡分配在周一至周四，周五可集中安排每月点检一次的设备。一般每一个点检员要有 5～6 条点检路线。

• 点检路线

根据设备的平面布置以及点检项目，事先策划好点检人员的工作线路，防止走回头路和迂回走动。尤其对车间、厂区占地面积比较大的企业，合理的点检路线能节省大量的无效工时。

• 点检绩效

点检工作完成后，企业可以对以下的数据进行统计、分析和汇报来评价点检工作是否有效：

①外部、内部审核时存在多少问题点。

②每月发生了多少设备运行故障。

③每月发生了几起突发故障和紧急抢修。

④设备点检结果的记录及处理情况。

其次是实施以测定设备劣化为目标的定期检查或诊断。对设备的劣化倾向进行测定和管理，即为了把握对象设备的劣化倾向程度和减损量的变化趋势，必须对其故障参数进行观察，实施定量的劣化量测定，对设备劣化的定量数据进行管理，并对劣化的原因、部位进行分析，以控制对象设备的劣化倾向，从而预知其使用寿命，最经济的进行维修。具体如图 3-17 所示。

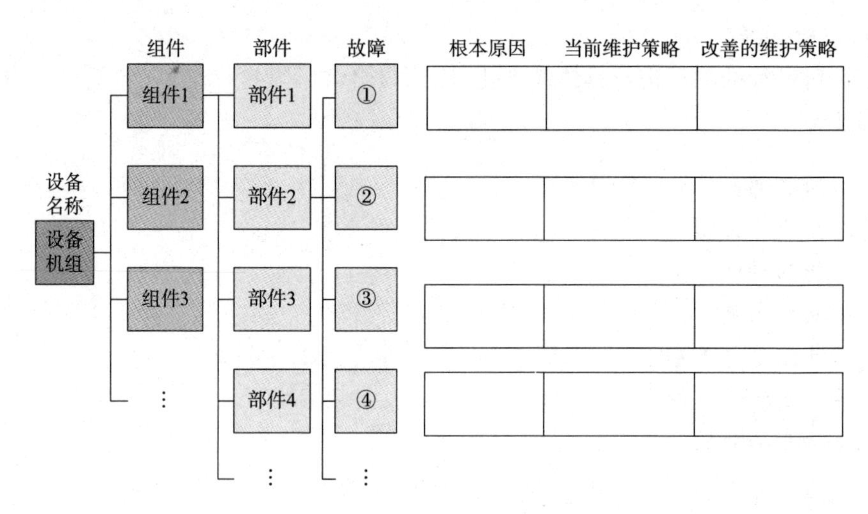

图 3-17　定期检查或诊断策略

其实施步骤分为:

①确定项目——即选定对象设备。

②制订计划——倾向检查管理表。

③实施与记录——根据数据统计、分析。

④分析与对策——预测更换和修理周期,提出改善方案。

另外就是用精密仪器、仪表对设备进行综合性测试调查,或在不解体的情况下应用诊断技术,即用特殊仪器、工具或特殊方法测定设备的振动、磨损、应力、温升、电流、电压等物理量,通过对测得的数据进行分析比较,定量的确定设备的技术状况和劣化倾向程度,以判断其修理和调整的必要性。

- 如何实施检修

我们也可以称之为修理和整备,或定期维修,其目标是将劣化恢复到正常。企业常常会以设备的实际技术状况为基础而制定出一系列检修管理制度。其目的是能安全、经济、高效率地进行检修,以防止检修时间的延长而影响生产。

①编制维修计划:把所有生产作业线分为两大类,即它的停机对全厂生产计划的完成有影响的称为主作业线,没有影响的称为辅助作业线;同时按施工管理模式将检修分为日修、定修、年修、抢修;定(年)修与全厂生产计划关系重大,故定修计划是全厂生产计划的重要内容。

②对检修工程实行标准化程序管理:要按条件立项,如预定需用的物资或专用工器具是否已经准备妥当,复杂项目的技术方案是否已经确定,检修方是否有能力承担

等;为使维修计划尽可能符合实际,通常定修项目的委托时间为施工前10～20天,年修为施工前30～60天。

国内很多企业是沿用所谓的三级保养制度,即:日常保养、定期保养和年度保养。这种完全以时间来划分的保养制度已经不适合设备管理的需求。在预防性维护中,强调的是以结果来划分保养的类型。

• 预见性维护如何实施

预见性维护是杜邦公司首先提出来的,在TPM中称为状态保养(CBM:condition based maintenance),这是一种以设备的状态为基准进行数据分析,来决定保养时期的方法。这些过程数据大致可以分为以下几类:

关注设备的数据

①故障平均间隔时间(Mean Time Between Failures,简称MTBF),是两次故障间的平均正常运行时间。在这段时间内,有效时间被多次故障打断,只有有效时间列入计算中。而计算中的故障是指从任何状态恢复到正常生产的次数。

$$MTBF=\frac{有效时间}{有效时间中的故障次数}$$

②平均修理时间(Mean Time To Repair,简称MTIR),修理中断使设备回到正常运行的平均耗时。在一段时间期内(包括设备和流程测试时间,但不包括维修延时),被中断数断开的所有修理时间(不仅仅是所有流逝的人工时间)。

$$MTTR=\frac{总修理时间}{总中断次数}$$

③生产时间利用率:在生产时间内设备按预定功能运行的时间百分比,目的在于反映该设备的总体运行表现。

④设备的振动、磨损、应力、温升等有关数据。

其中MTBF和MTTR是核心的数据。

关注过程输入的数据

设备的能源消耗(如:电、气、油、水等能源)、物料的损耗。如果设备的能耗和物料消耗超出正常范围或波动起伏比较大,则表示设备的运行状态有异常,很可能需要及时采取维护活动。

关注过程输出的数据

⑤产品的合格率、安全事故件数、安全隐患件数、点检数据分析等。

企业应建立以上三大类数据的标准值,在设备日常的运营中,收集、监控和分析重点的几个数据。一旦这些指标超出标准值,设备管理责任人应立即着手相应的维护活动,以防止设备故障的发生。关键设备应该以预知性维护为主。设备管理负责人应对关键设备建立核心的数据分析指标体系,密切注视其波动和变化,及时采取维护措施。

(5)数据库

工艺数据是指在工艺设计过程中所使用的和产生的数据。这些数据分为静态工艺数据和动态工艺数据。静态数据主要是指工艺设计手册上已标准化和已规范的工艺数据,及标准工艺规程,如:加工材料数据、加工数据、设备数据、刀具夹具量具数据、标准工艺规程数据、成组分类特征数据,且常采用表格、公式、线图、图形及格式化的文本表示。动态数据则主要指在工艺规划过程中产生的相关数据,如:中间过程数据、零件图形数据、工序图形数据、NC代码等。

(6)人员上岗标准

一线操作人员(如:作业员、班组长、质检员、调机员、库管员、维修人员等)的上岗标准包括:

①与原材料(零件)、半成品、成品相关的产品知识。
②作业操作技能。
③返工返修报废技能。
④不合格品处理技能(包括遏制)。
⑤现场5S、安全生产、设备维护等技能。
⑥异常管理流程技能(含4M管理)。

工厂对一线人员合理的能力要求是保障过程有效的基本条件。如果该标准偏低,则即便员工考核合格也无法保障过程有效。

以上六类预防措施,应在先期产品质量策划(APQP)第三阶段(过程开发)完成,其责任者为工艺工程师、设备工程师、工装工程师等。APQP第四阶段(试生产)对这些预防措施的有效性进行验证。

当前探测措施

当前探测控制措施(Current Detection Controls,简称DC)描述了如何使用现有的或计划中的活动来发现失效起因已经发生;或将失效模式在量产过程中探测出来。根据笔者的经验,探测措施可以分为以下五种类别:

(1)工艺设计评审

工艺设计评审(Design Review,简称DR)是过程质量控制的三大评审(设计评审、工艺评审和产品质量评审)之一,它是对产品开发中的工艺质量进行独立的系统的检查和评定,以及提出改进意见的质量活动。工艺评审贯穿于整个产品过程开发的始末,它对保证产品的设计和工艺质量以及满足设计任务书和合同的要求具有重要的作用。

工艺评审的重点对象是工艺总体方案、作业指导书等指令性工艺文件、关键零件/关键工序的工艺规范、新工艺/新技术/新材料/新设备。

工艺总体方案评审：对产品特性要求、结构的工艺分析；满足产品设计要求和保障制造质量的分析；工艺薄弱环节及工艺措施计划；对工艺装备、试验检测设备及加工检测软件的选择、验证原理和方案；辅助材料的确定和控制方法；工艺文件标准化程度的说明。该项评审主要聚焦总方案的可行性、可验证性、经济性和制造能力的评价。

作业指导书等指令性工艺文件评审：制造工艺流程、工艺参数和工艺控制要求的可行性、正确性和合理性；对资源和环境的不足所采取措施的可行性和有效性；操作人员和检验人员的资质要求；文件及其变更的审批流程。

关键零件/关键工序的工艺规范：关键零件/关键工序清单的完整性；工艺规范的标识及质量控制点设置的合理性；技术难点控制措施的可行性和有效性；工艺规范变更的验证及审批流程。

新工艺/新技术/新材料/新设备评审：采用新工艺、新技术的必要性和可行性，新材料加工方法的可行性及所选新设备的适应性；新工艺、新技术和新设备验证方案或结果；新工艺、新材料、新技术和新设备的措施计划和质量控制要求；操作人员检验人员的资质要求。

(2)产品检验(首检/自检/巡检/终检/产品审核)

产品检验是指用仪器、检具或其他分析方法检查各种原材料、半成品和成品是否符合特定的技术标准(要求)、规格书或图纸的作业过程。根据生产的不同阶段，检验可以分为以下几种：

①首件检验(First Article Inspection，简称FAI)。对每个班次正式投产之前或过程变更(如人员的变动、换料、换工装、设备的调整/维护/重启、装夹调整等)后加工的第一件或前几件产品进行检验。检验合格后才可以进行正式的批量生产。需要注意的是对于大批量生产而言，首件指的是一定数量的产品。首件检验的首要目的是确认生产工艺是否设置正确；其次是预防整批不合格品的发生。送检的产品先由操作人员进行自检，然后交由班组长或其他人员进行互检，最后由检验员进行专检。首件检验不合格，现场操作人员、班组长或现场工程师要重新确认生产工艺设置的正确性，调整后重新启动生产并再次实施首件检查。

②过程检验(In Process Quality Control，简称IPQC)。是指在生产过程中，对所生产的产品(半成品或成品)以各种检验手段根据工艺要求对其规定的参数进行检测和检验。过程检验的首要目的是避免不合格品流入下工序或后工序；其次是确认工艺条件是否还在正确的状态之下。过程检验不合格，现场管理人员和工程师要分析不合

格的原因,并对生产工艺采取纠正措施,使其恢复到正常状态;对上次过程检验后到本次过程检验前所生产的产品,进行全数的重检和筛选,以防止不合格品流入下工序或后工序。

③最终检验(Final Quality Control,简称FQC)。是指根据技术要求、规格书或图纸对最终放行产品进行检验、检查、测量或试验。最终检验是对完工后的产品进行全面的检查与试验。其目的是防止不合格品流到客户工厂,避免对客户造成损失。

④全尺寸检验(Layout Inspection)。是指对设计文件上标注的产品尺寸进行测量,包括功能测试。针对全尺寸检验的不合格项,质量管理人员和工艺工程师应进行原因分析并实施纠正措施,确保生产工艺状态的正确性。

⑤产品审核(Product Audit)。是指从客户角度对产品进行独立评估的过程,保障避免产品不合格和缺损的情况出现。此外,产品审核还将识别持续改进的潜力。产品审核时会检验列明的产品特性(如尺寸、材料、功能性、可靠性、包装、标识、出货文件等)以及在某个特定状态下的客户期望(例如包装后、新状态、使用后等等)。产品审核可以贯穿在产品的整个开发和生产周期,从产品的样件阶段,到生产阶段,再到最终发货都可以进行。产品审核的主要目的,是发现产品的质量缺陷,分析产生的原因,从而寻求改善与提高产品适用性的途径与措施。

(3)监控工艺参数变差(自动报警)

生产过程的监控聚焦两类因素:工艺参数(Process Parameter)和产品特性(Product Characteristic)。产品特性可以通过前面所陈述的五种产品检测方式进行监控。工艺参数可以根据它对产品特性、工艺性能的影响,对其进行定义和分类,具体如下:

①过程特殊特性(非汽车行业一般称之为关键工艺参数)。该类工艺参数及其变化对产品特殊特性(或关键质量特性)的符合性有重大的影响,因此应当监控过程特殊特性的变化及其来源,确保加工的产品满足设计的要求。这类工艺参数的监控是工艺监控的重点,理想的方法是使用自动监控系统或防错法,也是过程改进机会的重要来源。

②重要工艺参数。重要的工艺参数不会影响产品质量属性,但如果失控的话,会对产能、工时、安全生产等生产绩效造成影响。通常情况下,重要工艺参数允许的变化范围比较小。

③一般工艺参数。该类工艺参数已被证明易操作控制或有比较大的接受限度。如果可接受限度超出,可能会对质量特性或生产绩效产生轻度的影响。

以上工艺参数(尤其是过程特殊特性和重要工艺参数)的验证应在过程开发阶段予以实施,在量产过程中对其变化进行监控。相比较而言,工艺参数的验证比监控更加重要，如果验证有问题或没有验证，所谓的监控也是基于经验值而言。但是比较遗憾的是，新版FMEA手册中无论是过程预防控制还是过程探测控制都没有提及工艺验证。

(4)统计过程控制(Statistical Process Control，简称SPC)

SPC是一种借助数理统计方法的过程控制工具。它对生产过程的产品特性和工艺参数的变化进行监控，根据反馈信息及时发现工艺过程中出现的特殊原因，并采取纠正措施消除特殊原因及其影响，使过程维持在仅受普通原因影响的受控状态，以达到控制质量的目的。

一般情况下，我们使用SPC对产品特殊特性和过程特殊特性进行监控。如果这两类特性是计量型数据，大部分企业是使用Xbar-R控制图对其进行监控。很多工程师发现Xbar-R控制图的有效性没有想象中的好，究其原因，Xbar-R控制图的使用至少要满足以下三个条件：

①过程呈正态分布。

②过程的变差要大。

③过程的生产批量要足够大。

大部分生产过程能呈正态分布。如果正态性检验显示数据呈现非正态分布，可以使用Box-Cox转换或Johnson转换将数据转换后再进行控制图的分析。

Xbar-R控制图要求过程的变差比较大(一般大于1.5σ)。如果过程变差小于1.5σ，Xbar-R控制图无法探测出该变差，此时控制图上点的分布呈现正常状态。比如：当过程均值偏移3σ时，平均只需要2个样本(即控制图上2个点)就可以探测出失控状态；当过程均值偏移1σ时，平均需要44个样本才能够探测出失控状态。一般情况下，对某一个订单而言，很难取到44个点。在目前的工业水准下，大部分工厂生产工艺的过程变差小于1.5σ。时间加权控制图，如：累积和控制图(Cumulative Sum，简称CUSUM)和指数加权移动平均控制图(Exponentially Weighted Moving Average，简称EWMA)能有效探测过程变差较小的偏移。

CUSUM控制图的常用设计方法和工具主要有V型模板法(V mask)和表格法(Tabular)。CUSUM图通过对测量值与目标值之差的累积和来绘图，即将每个样本的偏差进行累加，因此，当过程发生小的偏移时其检出力较常规控制图高。国家标准GB 4887—1985《计数型累积和控制图》对使用的程序、参数、作图和判定规则都做了详细的规定。

Xbar-R控制图一般要求每2～4小时取一次样(3～5个产品)，但现在很多订单属于小批量，多品种类型，一个订单很难持续生产1天，这种状况会导致Xbar-R控制图上的点没有连续性，相隔的时间太长，再用直线连起来看趋势也没有什么意义。短期控制图(Short-Run Control Chart)为这种情况提供了解决方案。最常用的方法是假定过程生产的每个零件或每批零件都有其唯一的平均差和标准差,通过计算平均差和标准差,再减去规格中心值并将结果除以标准差的方式将过程数据标准化。这样一来,拥有同一生产条件但规格不同的几个样本组就可以放在一起进行过程监控,实现多品种,小批量的产品控制。除此之外,短期控制图还要求过程满足:过程本身必须是随时间稳定的;过程必须以一致和稳定的方式操作;过程目标必须被设置和维持在适当的水平上;本身的过程界限必须落在规格界限以内。

综上所述,直接使用 Xbar-R 控制图的情形已经不常见了,要么对 Xbar-R 控制图进行某种数学转换,要么选择其他控制图,否则 Xbar-R 控制图很难对过程进行有效的监控。

(5)人员上岗考核

操作人员是否能从事和胜任某项作业的实施?企业该如何对其进行资格的确认?在 IATF 16949:2016 条款中有两种描述方式:

①能力/胜任(competence/competency/competent):是指"经证实的应用知识和技能的本领,尤其是指人员的能力"。能力是判断一个人能否胜任某项工作的起点。

②资格(qualified/qualification):任职资格是指某岗位员工达到合格水平应该具备的各项要素的集合,包括知识、技能、经验、学历等。它可以鉴别员工是否合格,但并不能保证合格的员工能达到优秀水平。知识指个人在某一特定领域拥有的事实型与经验型信息。技能指结构化地运用知识完成某项具体工作的能力,即对某一特定领域所需技术与知识的掌握情况。经验是指从多次实践中得到的知识或技能。

IATF 16949:2016 质量管理体系要求"所有从事影响产品要求和过程要求符合性活动的人员具备能力。"这些人员适用的职能岗位有:制造部、质量部、物流部等部门的生产操作工、设备维修工、包装运输工(包括司机)等。

工厂对以上这些操作人员,要根据相应的预防措施中识别的上岗标准对他们实施考核,确认其是否有能力胜任操作工作。

风险评估

风险评估(Risk Evaluation)是对每一个失效模式、失效影响和失效起因进行风险估计。评估风险的等级标准如下:

严重度(S:Severity):失效影响的严重程度。

频度(O:Occurrence):失效起因的发生频率。

探测度(D:Detection):已发生的失效起因/失效模式的可探测程度。

SOD 的评分都采用"1～10"计分,其中 10 分表示风险度最高。这个评分本质上是主观的，虽然用的数量化的评估方法，但它并不是客观的计分，所以在评估同一个失效链的风险时，要保持评分团队的一致性。如果两个团队的人员不同，其评分结果可能有很大的差异。

- 严重度(S)

严重度是指针对给定的失效模式最严重影响相关的评级分值。对某个具体过程的 PFMEA 而言，严重度是一种相对的评级，与另一个过程的 PFMEA 中相似的失效模式的严重度没有可比性。再者严重度的评级与发生度和探测度无关(见表 3-10)。

表 3-10　PFMEA 严重度(S)评分标准

根据以下标准对潜在失效影响进行评分					公司或产品案例
S	影响	工厂内	交付至工厂(在已知情况下)	最终用户(在已知情况下)	
10	高	失效可能危及制造或装配操作员的健康和/或安全	失效可能危及制造或装配操作员的健康和/或安全	影响车辆和/或其他车辆的安全行驶，驾驶员或乘客、道路使用者或行人的健康	
9		失效导致工厂内不符合法规	失效导致工厂内不符合法规	不符合法规	
8	高	产品 100%报废	停线超过一个完整的班次；可能停止发货；需要现场维修或替换件(组装到最终用户)，且不符合法规	预期使用寿命内，车辆正常行驶所需的主要功能丧失(loss of primary function)	
7		产品需挑选且部分报废；主要过程有偏差，生产速度降低或增加人力	停线 1 小时至一个完整班次；可能停止发货；需要现场维修或替换件(组装到最终用户)，且不符合法规	预期使用寿命内，车辆正常行驶所需的主要功能减弱(degradation of primary function)	
6	中	产品 100%需要下线返工后允收	停线不超过 1 小时	车辆次要功能丧失	
5		部分产品需要下线返工后允收	不到 100%产品受到影响极有可能增加额外的瑕疵品；需要挑选，没有停线	车辆次要功能减弱	
4		进一步加工前，产品 100%需要在线返工	瑕疵品触发重要的反应计划，没有其他瑕疵品，无须挑选	外观、声音、振动、粗糙度或触感令人非常讨厌	

续表

根据以下标准对潜在失效影响进行评分					公司或产品案例
S	影响	工厂内	交付至工厂(在已知情况下)	最终用户(在已知情况下)	
3	低	进一步加工前,部分产品需要在线返工	瑕疵品触发轻微的反应计划,没有其他瑕疵品,无须挑选	外观、声音、振动、粗糙度或触感令人中度讨厌	
2		会导致过程、作业或操作员轻度不方便	瑕疵品不会触发反应计划;可能没有其他瑕疵品;需要反馈供应商	外观、声音、振动、粗糙度或触感令人略感讨厌	
1	非常低	没有可觉察到的影响	没有可觉察到的影响或无影响	没有可觉察到的影响	

表 3-10 所示的严重度评分标准是汽车行业的通用参考,如果客户有特别的要求,严重度的评分标准应该与客户保持一致,且要传递给企业的供应商,即 PFMEA 项目小组启动 PFMEA 工作以后,要确保在整个供应链中,严重度的评分标准保持一致。

新版 FMEA 的严重度评分标准与 AIAG 第四版 FMEA 的严重度评分标准相比,最大的变化是强调安全和健康的重要性。影响人员安全和健康的失效影响计 10 分;涉及法规符合性的失效影响计 9 分。新版严重度评分标准将安全/健康和法规分开计分,同时引入对人员健康的考虑,且安全/健康的影响要考虑本公司员工、客户的员工以及车辆的使用者;其次是安全的范围包括产品安全和生产安全,且在 DFMEA 分析中只包括产品安全。但生产安全是一个范围比较大的议题,涉及面非常广,而且也有专门的风险评估工具,如:工作危害分析(JHA:Job Hazard Analysis)、危险与可操作性分析(HAZOP:Hazard and Operability Study)、初始危险性分析(PHA:Preliminary Hazard Analysis)等。因此笔者建议,在 PFMEA 分析中只讨论产品瑕疵而非工艺故障导致的操作员安全影响,并且只有在符合严重性评分表中规定的标准时才予以考虑,即不包括轻微的安全健康问题。

- 频度(O)

频度是指对预防措施的有效性的评价,预防措施是针对失效起因的。如果预防措施有效,失效起因发生频次就会较低,那么失效模式发生频次也会较低。频度评分是在 PFMEA 范围内的相对评级数值,它可能并不是时间发生频率的客观度量。PFMEA 项目小组可以根据表 3-11 所示的评分标准对频度进行计分。

表 3-11：PFMEA 频度(O)评分标准

根据以下标准对潜在失效起因进行评级。在确定最佳实践预估频度时应考虑预防措施。频度是在评估时进行的预估定性评级，可能不能反映真实的频度。其得分是在 FMEA(正在评估的过程)范围内进行的相对评级数值				公司或产品案例
O	对失效起因发生的预测	控制类型	预防控制	
10	极高	无	没有预防措施	
9	非常高	行为控制	预防措施在防止失效起因出现起到的作用很小	
8				
7	高	行为或技术控制	预防措施在防止失效起因出现起到一些作用	
6				
5	中		预防措施在防止失效起因出现起到有效的作用	
4				
3	低	最佳实践：行为或技术控制	预防措施在防止失效起因出现起到非常有效的作用	
2	非常低			
1	极低	技术控制	预防措施在防止设计(如：零件形状)或过程(如：工装设计)失效起因出现起到极有效的作用。预防措施的目的——失效模式不会因失效起因而实际发生	

新版 FMEA 的频度评分标准与 AIAG 第四版 FMEA 的频度评分标准相比，针对失效起因提出了三种控制类型。

①行为控制：如要求上岗人员持有相应的证书；或对操作的职责进行分配……这种类型的控制其有效性比较差。

②最佳实践的应用：如夹具/工装设计、校准程序、防错验证、预防性维护、作业指导书、控制图、过程监控、产品设计……最佳实践通过是标准化的作业文件，其控制的有效性比较好。

③技术控制：机器设备能力的定义、工具寿命的设定、工具材料的指定……通常是通过硬件的属性来保障阻止失效起因，其有效性最佳，但可能的投入也会比较大。

- 探测度(D)

探测度是对探测措施有效性的评价，即探测措施能否有效识别失效模式或失效起因的存在。PFMEA 项目小组可以根据表 3-12 所示的评分标准对探测度进行计分。

表 3-12 PFMEA 探测度(D)评分标准

根据探测方法成熟度和探测机会对探测措施进行评估				公司或产品案例
D	探测能力	探测方法成熟度	探测机会	
10	非常低	没有建立测试或检测方法,或未知	不能或无法检测到失效模式	
9		测试或检测方法不可能检测到失效模式	通过随机或不定期审核很难探测到失效模式	
8	低	测试或检测方法的有效性和可靠性未经验证(如:测试经验极少,GRR 结果接近边界值)	通过人工检测(视觉、触觉或听觉),或手工检具(计数或计量)可能探测失效模式或失效起因	
7			设备检测(采用光学、蜂鸣器等装置的自动或半自动),或使用检测仪器可能探测失效模式或失效起因	
6	中	测试或检测方法的有效性和可靠性经验证(如:有测试经验,GRR 结果允收)	通过人工检测(视觉、触觉或听觉),或手工检具(计数或计量)能探测失效模式或失效起因(包括样品检测)	
5			设备检测(采用光学、蜂鸣器等装置的自动或半自动),或使用检测仪器能探测失效模式或失效起因(包括样品检测)	
4	高	系统的有效性和可靠性已验证(如:在相同过程或该应用有经验),GRR 结果允收	后续过程设备自动化检测,或系统自动识别并挑出差异品至不合格品区,稳健的系统控制差异品,避免流出工厂	
3			本过程设备自动化检测,或系统自动识别并挑出差异品至不合格品区,稳健的系统控制差异品,避免流出工厂	
2		探测方法的有效性和可靠性已验证(如:有探测方法、防错确认等经验)	设备探测方法,能探测失效起因并避免失效模式(差异品)的产生	
1	非常高	由于设计或工艺过程不会实际出现失效模式,或探测方法已经验证总能探测到失效模式或失效起因		

措施优先级

新版 AIAG-VDA FMEA 采用了一种新的风险衡量标准:AP,即措施优先级。SOD 的评分标准都是 1～10 分,理论上 SOD 有 1000 种可能的排列组合。AP 对其进行了精简,总共提出 68 种组合,见表 3-13。

表 3-13　SOD 组合 AP 等级表

<table>
<tr><td>S</td><td colspan="5">10-9</td><td colspan="5">8-7</td><td colspan="5">6-4</td><td colspan="5">3-2</td><td>1</td></tr>
<tr><td>O D</td><td>10-8</td><td>7-6</td><td>5-4</td><td>3-2</td><td>1</td><td>10-8</td><td>7-6</td><td>5-4</td><td>3-2</td><td>1</td><td>10-8</td><td>7-6</td><td>5-4</td><td>3-2</td><td>1</td><td>10-8</td><td>7-6</td><td>5-4</td><td>3-2</td><td>1</td><td>10-1</td></tr>
<tr><td>10-7</td><td>H</td><td>H</td><td>H</td><td>H</td><td rowspan="4">L</td><td>H</td><td>H</td><td>H</td><td>M</td><td rowspan="4">L</td><td>H</td><td>M</td><td>M</td><td>L</td><td rowspan="4">L</td><td>M</td><td>L</td><td>L</td><td>L</td><td rowspan="4">L</td><td rowspan="4"></td></tr>
<tr><td>6-5</td><td>H</td><td>H</td><td>H</td><td>M</td><td>H</td><td>H</td><td>M</td><td>M</td><td>H</td><td>M</td><td>L</td><td>L</td><td>M</td><td>L</td><td>L</td><td>L</td></tr>
<tr><td>4-2</td><td>H</td><td>H</td><td>H</td><td>L</td><td>H</td><td>H</td><td>M</td><td>L</td><td>M</td><td>M</td><td>L</td><td>L</td><td>L</td><td>L</td><td>L</td><td>L</td></tr>
<tr><td>1</td><td>H</td><td>H</td><td>M</td><td>L</td><td>H</td><td>M</td><td>M</td><td>L</td><td>M</td><td>L</td><td>L</td><td>L</td><td>L</td><td>L</td><td>L</td><td>L</td></tr>
</table>

AP 将改进措施分为三个等级：

- 优先级高(H)。评审和措施的最高优先级

PFMEA 项目小组需要识别适当的措施来改进预防和/或探测措施，或证明并记录为何当前的控制足够有效。

- 优先级中(M)。评审和措施的中等优先级

PFMEA 项目小组宜识别适当的措施以改进预防和/或探测措施，或由公司自行决定，证明并记录当前控制足够有效。

- 优先级低(L)。评审和措施的低优先级

PFMEA 项目小组可以识别措施来改进预防或探测措施。

对于严重度为 9-10 分，且措施优先级 AP 为 H 和 M 的失效影响，建议由管理层对其进行评审，包括所采取的任何建议措施。

措施优先级 AP 的好处是，它不把严重度、频度和探测度当作同等的数值(如 RPN、SO 那样)。措施优先级 AP 表提供了一个措施优先级系统，以集中团队的时间和资源。

一旦 PFMEA 项目小组对风险的严重度、频度和探测度进行了评分，下一步就是确定风险措施的优先排序。例如，如果 S＝8，O＝3，D＝5，表 3－13 中的 AP 将是 M。一般情况下 PFMEA 项目小组将首先解决所有 H 的失效模式和失效起因，然后再考虑对 M 或 L 的失效模式和失效起因采取改进措施。

AP 的另一个好处就是针对 SOD 的评分不必很准确，例如：S＝8，则 O＝4～5，D＝1～6，其 AP 都是 M。如果使用 PRN 计算法，SOD 评分相差 1 分，其 RPN 差别将非常巨大，结果就会导致 PFMEA 项目小组花费大量不必要的时间去研究 SOD 的评分。

AP 评估为低并不意味着不应考虑采取行动。高、中或低的评估应被用来确定行动的优先次序，而不是假定行动是不必要的。

最后强调一点：AP 不是对风险本身的优先等级评估，它是对降低风险的改进措施的优先等级评估。

表 3-5 所示的热压成型 PFMEA 风险分析其 SOD 及 AP 评级见表 3-14。

表 3-14 热压成型 PFMEA 风险分析表-SOD 及 AP 评级

失效分析(步骤四)				风险分析(步骤五)					
1. 对较高层级/用户的失效影响-FE	严重度S	2. 关注要素的失效模式-FM	3. 4M 要素的失效起因-FC	预防措施-PC	频度O	探测措施-DC	探测度D	AP	特殊特性
工厂内： 报废 交付至工厂(客户端)： 无法安装 最终用户(整车)： 仪表盘指示功能失效	6	位置偏移、不稳固	确认防错线错误	目视化	2	点检	2	L	
			型号错误 使用车数超规定	条码管理	2			L	
			扭力错误	设定扭力标准	2			L	
		预热温度偏低或偏高	温度、时间设定错误	参数卡	2	热电偶测试 报警监控	2	L	
			显示温度不正确	参数卡	2			L	
			温度偏低或偏高	参数卡	2			L	
		方向错误损坏	接触面有异物	5S 标准	2	目视	2	L	
			正反面错误	防错装置	2			L	
		成型 3D 效果不符合图纸 装配尺寸不合格	资质不达标	上岗标准	2	上岗考核	2	L	
			压力、温度变化大	参数卡	2	尺寸检验	3	L	
			加热电阻丝状态异常，如断裂	电阻丝寿命标准				L	
			材料拉伸形变量大	定义最大形变量	6			M	
			温度、湿度变化大	参数卡	2	点检表	2	L	
		漏判或误判	资质不达标	上岗标准	2	上岗考核	2	L	
			校准过期	定义校准周期	2	点检表	2	L	
		⋮	⋮	⋮		⋮			

PFMEA 实施步骤六：优化

过程设计风险是一种客观存在，是否需要优化则是一种主观判断，这种判断是基于商业角度或技术角度的。比如某个工艺问题所有的竞争对手都有，而且失效模式的 AP 评级为 H，此时项目团队可能会选择不优化；或者某个工艺问题是企业所独有的，竞争对手都没有，且失效模式的 AP 评级为 L，此时项目团队一般要选择对其进行优化。这就是从商业角度来选择是否对风险进行优化，主要是从客户、企业及竞争对手三者的维度来分析具体的设计风险。单纯地看 AP 评级，属于从技术角度来判断是否对风险进行优化。PFMEA 项目小组在优化阶段应该从商业角度和技术角度全面分析具体的工艺风险,再决定哪些风险需要优化。

步骤六优化的主要目的是确定改进措施,以减少工艺风险和提高产品安全性和生产安全,从而提高客户和员工的满意度。

优化是通过以下方式实现的:

①识别和确定改进措施。
②指派责任和目标日期。
③实施和记录改进措施。
④对风险进行重新评估。

识别和确定改进措施

改进措施依据以下的顺序进行:

①降低严重度(S)。修改工艺设计以消除或减少失效影响。
②降低频度(O)。修改工艺设计以降低失效起因的发生频度。
③降低探测度(D)。提高探测失效起因或失效模式的能力。

- 降低严重度(D)

一般是针对预防措施采取措施,即 PFMEA 项目小组对"第 3 章第 3 节 PFMA 实施步骤五:风险分析中当前预防措施"节所提到的六类措施进行修改。

- 降低频度(O)

要降低失效起因的发生频度,本质上还是需要对产品的设计进行修改(modification)。在"3.4.4、失效起因"节中共描述了四种常见的失效起因类型,要降低失效起因的发生频度也是从这些方面入手。

- 降低探测度(D)

一般是针对探测措施采取措施,即对"第 3 章第 3 节 PFMA 实施步骤五:风险分析中当前探测措施"节所提到的五类措施进行优化。PFMEA 项目小组可以参考以下两个策略来进行设计修改。

策略一:优化工艺设计评审

策略二:优化产品检测方法

不要用加强检验来描述对试验的改进,我们可以从以下几个方面来描述加强:

①最好能开发在线自动检测装置。
②更换试验仪器或设备。可以考虑选择精度更高或检测能力更强的仪器或设备,比如三次元比二次元有更强的检测能力。

③优化试验程序。程序就是指做事情的逻辑顺序、责任分工等。比如试验过程中试验者抽样和生产者送样是两种不同的程序(职责分工不同),其产生的试验结果不完全相同。

④优化试验参数。可以应用DOE等统计工具来优化某些试验参数,或优化测试参数数据库。

⑤优化对试验技能的要求。将测试人员试验技能要求的标准提升,并提供相应的培训和考核。

⑥增加样本数。适当的增加测试样本数有助于提升发现问题的概率。

策略三:优化工艺参数监控(自动报警)

对现有设备改造或配置自动监控系统,对工艺参数进行实时监控。

责任分配与措施的状态

PFMEA小组应该为每个改进措施指定负责人以及目标完成日期,并记录优化后的预防措施和探测措施的实际完成日期以及实施日期。

改进措施的状态分为以下几种:

①开口。改进措施尚未被定义成文。

②措施待决(可选)。改进措施已经定义且正在创建相应的文件。

③尚未实施(可选)。改进措施的文件化已完成,但尚未开始实施。

④已完成。改进措施已实施完成,且被证明有效,相应的证据已被评估认可。

⑤不实施。原本计划实施优化措施,但因技术瓶颈无法突破,或因成本太高,放弃优化措施,于是选择不实施。

只有当优化措施被PFMEA小组评估确认,且接受其风险水平或已记录措施结束,PFMEA的工作才算完成。

如果选择不采取优化措施,则AP的优先等级不会降低,失效的风险会继续伴随产品。

在“表3-14:热压成型PFMEA风险分析表—SOD及AP评级”的案例中,是针对探测措施进行优化,如表3-14所示。实际使用过程中,要么针对预防措施和探测措施两者都进行优化,要么选其一。

表3-15所示的案例(仅供填表示例)中,优化措施的负责人必须填写该人员的岗位和姓名。特殊特性栏位的填写与旧版PFMEA一致。

表3-15 热压成型PFMEA风险分析-AP的优化措施

风险分析(步骤-5)						优化(步骤-6)											
预防措施-PC	频度O	探测措施-DC	探测度D	AP	特殊特性	预防措施	探测措施	负责人	目标完成日期	状态	基于证据的行动措施	完成日期	S	O	D	特殊特性	AP
参数卡	2	尺寸检验	2	L		No Action	No Action										
电阻丝寿命标准	2		3	L		No Action	No Action						6				
定义最大形变量	6			M		No Action	更换检具	QE张三	11月10日	已完成	××××报告	11月9日		2	3		L
⋮																	

针对更换检具,则需要额外准备具体的实施方案,并据以实施。

措施有效性评估

当优化措施实施完成后,需要对其频度和探测度进行重新评分,并得出新的AP等级。该AP等级是对新预防措施或探测措施的有效性进行的初始评价,以此进入下一个PDCA循环。

如果优化措施处于尚未实施状态时,必须等到该措施实施完成且有效性确认后,其状态才能变更为已完成。

持续改进

PFMEA是过程设计的历史记录,因此SOD的原始分值应该是可见的,或至少是过程履历的一部分供其他工程人员阅读参考。PFMEA分析完成后将形成一个知识储存库,记录过程决策和过程改进的进展。但是对于产品PFMEA或产品族PFMEA,其初始的SOD评分可能会被修改,作为项目PFMEA的评分起点。

PFMEA实施步骤七:结果文件化

PFMEA项目小组在完成PFMEA的分析后,除了要填写PFMEA的表格之外,还应该撰写一份详细的报告,来全面地阐述PFMEA的分析、实施过程及其结论。该报告用于企业内部沟通或与客户沟通,它不是对PFMEA进行评审,只是一个工作总结。

虽然报告的形式没有固定的格式,但是报告应该至少阐述以下六个内容:

①针对PFMEA项目的初始目标,说明其最终状态如何(即任务概述)。

②总结分析的范围并识别新的内容。
③对功能是如何开发的进行总结。
④对团队确定的高风险失效进行总结,并提供一份具体的 SOD 评分表和 AP 评级表。
⑤对已采取的或计划采取的优化措施进行总结。
⑥为进行中的优化措施制定计划和时间安排。

下面就简单地介绍这些内容。读者在撰写报告时,不要局限于这些要求,可以根据工作的具体情况,来增加合适的内容。该总结报告的封面可以参考表 3-16。

表 3-16　PFMEA 总结报告封面

【公司名称及标识(Logo)】	封面 Process Failure Mode and Effects Analysis 失效模式及影响分析	FMEA 编号: FMEA 页码: 版本: 日期:
原始文档存档位置:	产品名称: 物料编号: 客户名称:	
分发部门:	1. 任务 • 创建 PFMEA 的原因,如:新产品开发、现有过程变更等 • 分析的范围 • 参考的 PFMEA 2. 成果 • PFMEA 分析的结果,如亮点、高风险项目、特殊特性的数量和评价 • 内部确定的特殊特性且与客户达成一致,独立的特殊特性清单及解释 3. 措施 • 优化措施的数量 • 优化措施的特点 • 待决措施的数量 • 所有措施的总结论	
FMEA 团队:	4. 附件 • PFMEA 分析表格 • 参考的 PFMEA • 为理解 PFMEA 所必需的文件清单(如过程流程图、P 图等) • SOD 的评估表 • 与客户的协议等 5. 备注: • 以上文档/观点的解释	

续表

【公司名称及标识(Logo)】	封面 Process Failure Mode and Effects Analysis 失效模式及影响分析			FMEA 编号： FMEA 页码： 版本： 日期：
编制	批准			实施
PFMEA 牵头人 姓名： 部门： 日期： 签名：	部门： 日期： 签名：	部门： 日期： 签名：	部门： 日期： 签名：	实施责任部门 名称：
PFMEA 小组联络人 姓名： 部门： 日期： 签名：	部门： 日期： 签名：	部门： 日期： 签名：	部门： 日期： 签名：	实施跟进及更新 姓名： 部门：

- 任务概述

这部分主要是叙述“3.1.2、PFMEA 项目实施计划”中的任务实际状况。

除了要简单的描述任务之外，PFMEA 项目小组人员还要考虑，如何才能吸引高层管理者的注意和支持。很显然，高层管理者的时间非常宝贵，对技术方面的问题也未必有太深入地了解。所以总结报告的用词要简洁、通俗，尽量避免用专业用语，最好多用动词，如：增加产能、降低制造成本、减少工时等。

如果能在任务概述中打动高层管理者的心，那么 PFMEA 的分析结论和建议就容易被接纳和实施，PFMEA 成功的可能性也就越大，项目小组人员的信心和动力也会越大，这也有助于推动下一个 PFMEA 的实施。

- 总结分析的范围并识别新的内容

分析的范围可以从两个方面来描述。

系统内容的简介，对要分析的过程流程的整体介绍，如：

①主要的工艺过程。

②新设备、新工艺、新材料(零件)。

③生产区域的工作环境或条件要求。

④物流仓储过程(如：搬运工位器具、环境要求、空间等)。

⑤主要的检测过程。

分析的界限(范围),分析人员可以从这几方面来考虑:

①客户技术要求。
②工艺技术要求。
③防错要求、可制造性/装配性。
④安全生产要求。

总之,这部分要说清楚需要分析的是什么,不需要分析的是什么。

• 对功能是如何开发的进行总结

该部分内容可以附上工艺技术方案等相应资料,阐述如何将客户产品的功能展开到工艺(设备能力、工装能力、材料加工处理、工艺方法、人员技能、环境要求等),尤其是针对安全特性、功能特性、装配特性等产品特性。

也要说明 PFMEA 分析人员打算从哪个层次来解决问题,如:是从设备能力、工装开发,还是从工艺技法来解决问题。

为什么要这样选择?是基于什么考虑?是成本因素?市场因素?还是技术因素?分析人员是如何平衡这些因素的?

• 对高风险失效进行总结,并提供一份具体的 SOD 评分表和 AP 评级表

填好的 PFMEA 中风险会包罗万象,但是真正属于危险的毕竟是少数。PFMEA 项目小组应对所有的风险进行考察,列出真正属于危险的项目,并作逐一地说明;针对这些高风险危险项目展开评论,它们主要是因为严重度高的项目造成的?还是频度高造成的?还是探测度低造成的,其现行管控措施的效果如何?识别哪些因素对控制风险有利,这对未来提出对策很有帮助。

如果客户对项目的 PFMEA 有独特的 SOD 评分表和 AP 评级表,或 PFMEA 项目小组认为有必要对 AIAG-VDA FMEA 手册中的 SOD 评分表和 AP 评级表进行修订,请将该 SOD 评分表和 AP 评级表附在总结报告中,供其他部门同事或客户参考。

• 对已采取的或计划采取的优化措施进行总结

该部分内容对已采取的或计划采取的优化措施实施计划的状态进行汇总,确保高风险的项目已得到有效的控制。

• 为进行中的优化措施制定计划和时间安排

原则上所有的优化措施在转量产前必须关闭,但也会遇到因为某种原因而无法在量产前关闭的优化措施,此时 PFMEA 项目小组应该承诺继续优化措施的实施,直到关闭为止。

此外,PFMEA 小组还必须在量产中持续对 PFMEA 进行评审和更新,此评审和更新应有计划和时间安排;最后将这些汇总的结果更新到产品 FMEA 或产品族 FMEA 中(见第一章第 5 节“如何理解 FMEA 的动态性”)。

第4章

控制计划的编制

第1节　控制计划概述

大多数组织都善于聚焦长期问题并能找到解决方案，但是，维持这些解决方案的长期有效性则是另一回事。在制造环境中，一个过程如果顺其自然运行下去，它一定会选择其中阻力最小的路径，则该过程往往会慢慢回到其原始状态。

这就是控制计划发挥作用的地方。控制计划在长期维持过程改进方面发挥着重要作用。

控制计划提供了一种结构化的方法来描述如何对过程和产品进行必要的控制，以确保产品符合设计要求。

PFMEA确定了必要的预防措施和探测措施，以管理量产中的产品在制造和装配过程中的相关风险。这些控制措施应该出现在各种工艺文件和检验文件中。控制计划和作业指导书通常会关注对特定零件的控制，而其他控制，如：设备校准、环境（温度和照明等），通常会包含在维护计划或维护指导书中。工艺开发团队将使用PFMEA来确保所有的预防措施和探测措施在适当的文件中得到充分的描述。

IATF 16949:2016汽车行业质量管理体系和先期产品质量策划（Advanced Product Quality Planning，简称APQP）要求控制计划应该包括所有的设计要求，以及DFMEA和PFMEA的要求。

控制计划的目的就是控制产品和过程的变异源。控制计划应聚焦对缺陷预防的控制，通常是通过对过程特性的控制，在产品开发过程中寻求在尽可能早的操作/步骤中验证产品特性。

控制计划是一份动态的文件，必须随着产品设计变更、过程变更或过程能力的变化而更新。控制计划应保留与过程FMEA的动态联系。

制定和实施控制计划方法有几个好处。控制计划的使用有助于减少或消除过程中的浪费，减少浪费对降低成本有重大的意义。控制计划通过识别过程中的变异源并建立控制措施来监控它们，从而确保产品质量的稳定性。如果没有控制计划，大多数过程会因为员工变动、经验流失和短期生产波动而逐渐陷入失控状态。

第2节　IATF 16949:2016对控制计划的要求

IATF 16949:2016对控制计划的要求就更多、更全面,具体见表4-1。

表4-1　IATF 16949: 2016对控制计划的要求

项　　目	IATF 16949:2016条款	备　　注
控制计划的编制	8.3.2.1　设计和开发策划-补充 d. 制造过程风险(如:FMEAs、过程流程图、控制计划和标准作业指导书)的开发和评审	
	8.3.3.3　特殊特性 a. 在……风险分析(如PFMEA)、控制计划、标准作业/操作指导书中将所有特殊特性文件化	
	8.3.4.3　原型样件方案 当顾客要求时,组织应制定原型样件方案和控制计划	
	8.3.5.2　制造过程设计输出 i. 控制计划	
	8.5.1.1　控制计划 在系统、子系统、部件和/或材料各层次上制定控制计划,包括那些生产散装材料和零件的过程。采用共同制造过程的散装材料和相似零件可接受使用控制计划族	控制计划的策划与类型
	8.5.6.1.1　过程控制的临时变更 ……组织应保持一份控制计划中提及的经批准替代过程控制方法的清单并定期评审 组织应至少每日评审替代过程控制手段的运行,以验证标准作业的实施,旨在尽早返回到控制计划规定的标准过程	
	10.2.4　防错 ……试验频率应在控制计划中文件化 防错装置失效应有一个反应计划	
控制计划的评价与更新	7.1.3.1　工厂、设施和设备计划 组织应保持过程有效性,包括定期风险复评,以纳入在过程批准、控制计划维护及作业准备的验证期间作出的任何更改	
	7.5.3.2.2　工程规范 注:……如控制计划,风险分析(如FMEAs)	
	8.5.1.1　控制计划 组织应针对如下任一情况对控制计划进行评审,并在需要时更新:f～i	

续表

项　目	IATF 16949:2016 条款	备　注
控制计划的评价与更新	9.2.2.3　制造过程审核 制造过程审核应包括对过程风险分析(如 PFMEA)、控制计划和相关文件有效执行的审核	审核控制计划如何实施,也是过程审核的重点
	10.2.3　问题解决 f. 对适当形成文件的信息(如:PFMEA、控制计划)的评审,必要时进行更新	
控制计划的审批和发布	4.4.1.2　产品安全 f. 控制计划和 PFMEA 的特殊审批	
	8.5.1.1　控制计划 如果顾客要求,组织应在控制计划评审和修订后获得顾客批准	
	8.7.1.4　返工产品的控制 组织应有一个形成文件的符合控制计划的返工确认过程,或者其他形成文件的相关信息,用于验证对原始规范的符合性	
控制计划的应用	7.1.5.1.1　测量系统分析 应进行统计研究来分析在控制计划所识别的每种检验、测量和试验设备系统的结果中呈现的变异	
	8.6.1　产品和服务放行-补充 组织应确保用于验证产品和服务要求得以满足的所策划的安排围绕控制计划进行,并且形成文件规定在控制计划中	
	8.6.2　全尺寸检验和功能试验 应按控制计划中的规定,根据顾客的工程材料和性能标准,对每一种产品进行全尺寸检验和功能性验证	
	8.7.1.4　返工产品的控制 组织应有一个形成文件的符合控制计划的返工确认过程,或者其他形成文件的相关信息,用于验证对原始规范的符合性	
	8.7.1.5　返修产品的控制 组织应有一个形成文件的符合控制计划的返修确认过程,或者其他形成文件的相关信息	
	9.1.1.1　制造过程的监视和测量 组织应验证已实施了过程流程图、PFMEA 和控制计划…… 应对统计能力不足或不稳定的特性启动已在控制计划中标识,并且经过规范符合性影响评价的反应计划	

续表

项　　目	IATF 16949:2016 条款	备　　注
控制计划的应用	9.1.1.2　统计工具的识别 ……适当的统计工具还包含在设计风险分析(如 DFMEA)(适用时)、过程风险分析(如 PFMEA)和控制计划中	
人员能力建设	7.2.3　内审员能力 ……包括过程风险分析(如 PFMEA)和控制计划理解	
	7.2.4　二方审核员能力 d. ……包括 PFMEA 和控制计划的应用	

第 3 节　控制计划类型

控制计划通常在产品生命实现的三个阶段使用,分别是:

• 样件控制计划(Prototype Control Plan)

这是一个关于在设计的原型阶段要进行的检查和测试的描述,通常是尺寸测量、材料特性和性能测试。它能够在 DFMEA 过程中,帮助建立早期识别出初始特殊特性的过程能力;是确保样件满足所有设计标准和测试的必要条件;能够说明样件制造过程和零件变差的原因。

样件控制计划不是必需的。如果客户需要,则项目小组要准备和编制样件控制计划。

• 试生产控制计划(Pre-launch Control Plan)

这是对产品试生产过程中,对尺寸、材料和功能测试的书面描述,作为 APQP 和 PPAP 的一部分,用于验证产品符合设计意图。它包括所有必需附件的产品或过程控制,直到生产过程得到验证。当过程或零件不受控时,需要根据确定好的反应计划对零件进行调查和控制。

• 量产控制计划(Production Control Plan)

此类控制计划提供了在正常生产过程中对产品和过程所需实施的控制项目,其中包括产品特殊特性和过程特殊特性、工艺控制、测量方法和在正常生产中要进行的测试,确保通过控制变异源(产品和过程)使产品符合要求。

第 4 节　控制计划的格式

IATF 16949:2016　“附录 A:控制计划”对栏位要素的设置有具体的要求,但没有给出相应的格式。常见的控制计划格式见表 4-2,供读者参考。该格式可以做一些微调,增加某些企业需要的栏位,但不能删除已有的栏位。需要强调的是,对 IATF 16949:2016 第三方认证来说,“附录 A:控制计划”是强制性要求。

表 4-2　控制计划范例

<table>
<tr><td colspan="2">□样件 □试生产 ☑生产 ①
控制计划编号：ABC-12 ②</td><td>主要联系人/电话：⑦
张三/13800000000</td><td>日期(编制) ⑩
20×0年×月×日</td><td>日期(修订): ⑪
20×0年YY月YY日</td></tr>
<tr><td colspan="2">零件号/最新更改等级：③
ABC Rev D</td><td>核心小组：
×××、×××、×××、×××、××× ⑧</td><td colspan="2">客户工程批准/日期(如需要)：⑫
N/A</td></tr>
<tr><td colspan="2">零件名称/描述：
涡轮叶片/××× ④</td><td>组织/工厂批准/日期：
李四/20×0年×月×日 ⑨</td><td colspan="2">客户质量批准/日期(如需要)：⑬
N/A</td></tr>
<tr><td>组织/工厂：
×××工厂 ⑤</td><td>组织代号：
HY-SZ ⑥</td><td>其他批准/日期(如需要)：⑭
N/A</td><td colspan="2">其他批准/日期(如需要)：⑭
N/A</td></tr>
</table>

零件/过程编号	过程名称/操作描述	设备/夹具/装置	特性			特殊特性分类	方法					反应计划
			编号	产品	过程		产品/过程规范/公差	评价/测量技术	样本大小	抽样频率	控制方法	
⑮	⑯	⑰	⑱	⑲	⑳	㉑	㉒	㉓	㉔	㉕	㉖	㉗
10	CNC钻孔/加工安装孔	CNC机××刀具YY	1	孔径		KC	10±0.01 mm	CMM	3 pcs	每4 hrs	Xbar-R	标识隔离
			2	位置度			xxx	CMM	3 pcs	每4 hrs	检验记录	标识隔离
			3	深度			yyy	卡尺	3 pcs	每4 hrs	检验记录	标识隔离
			5		转速		3 000转/min	转速仪表	1次	每班	点检表	调整

①样件/试生产/生产：勾选合适的方框，明确控制计划的类型。

②控制计划编号：每个控制计划都应有一个唯一识别号码，编码原则自行定义。

③零件编号/最新更改等级：填写系统、子系统或零件的物料编号，及工程变更等级(图纸版本)。更改等级必须与图纸规格、FMEA 相一致。

④零件名称/描述：填写产品的名称和描述，例如：曲轴、涡轮叶片等。如果控制计划覆盖在同一过程中生产的一系列零件，则最好使用过程名称。

⑤组织/工厂：填写制定控制计划的生产工厂/部门的名称。

⑥组织代码：如果是为外部客户生产的零件，应填写组织的识别号码，如客户的供应商代码(如适用)。

⑦主要联系人/电话：填写负责控制计划的主要联系人姓名、电话和其他联系信息，如电子邮件。

⑧核心小组：编制控制计划的成员姓名、电话和其他联系信息，如电子邮件。建议将这份名单附在控制计划中并保持更新。

⑨组织/工厂批准/日期：控制计划获得公司批准的证据(批准人、日期)。

⑩日期(编制)：控制计划的初次编制的日期。

⑪日期(修订)：控制计划的最新修订日期。

⑫客户工程批准/日期:客户对控制计划(最新修订)的工程批准,如客户要求。

⑬客户质量批准/日期:客户质量代表对最新修订的批准,如客户要求。

⑭其他批准/日期:获得任何其他批准(如果需要)。

⑮零件/过程编号:与过程流程图/PFMEA关联,零件和过程步骤/序号信息。

⑯过程名称/操作描述:对操作的简要描述,应与过程流程图和PFMEA中的描述相一致,如数控钻孔、手工装配等。

⑰设备/夹具/装备:制造/装配/物流等过程所需的硬件,如:设备、工装、夹具或其他适当的制造装备。如果工程批准是针对特定的设备类型或编号,需填入控制计划。

特性:一个过程或其产出(产品)的特征、尺寸或属性,在此基础上可以收集计量或计数型数据。控制计划的这一部分描述了可能需要控制和记录的产品特性或过程特性。这些特性可能与产品或过程有关,数据可能是计量或计数型数据。产品和过程特性之间的区别常常被混淆。

⑱编号:从图纸或规范中引用的特性编号,与过程流程图和PFMEA保持一致。

⑲产品特性:是指图纸上描述的零件、部件或组件的特征或属性,在过程完成后可以测量,如:尺寸、形状、位置、方向、外观、硬度、可拉伸度、涂层、力矩等。产品图上的所有尺寸或特性并非都应列在控制计划上。此外,控制计划必须包括参考所有其他的产品特性,这些特性在正常操作中需要被控制。

⑳过程特性:是指与PFMEA中确定的产品特性有因果关系的过程变量。一个过程特性可能会影响几个产品特性,如:速度、进给量、温度、压力、电压、电流强度等。每一个产品特性通常会对应好几个过程特性。

㉑特殊特性分类:根据客户的要求,使用适当的符号来标识特殊特性的类型。多功能小组应确定产品的特殊特性或过程特殊特性,并从其不同的来源进行汇编,如DFMEA、产品图、技术要求、产品或过程的历史信息等。如果在特定的操作中没有特殊特性,则此栏位空白。

㉒产品/过程规范/公差:规范/公差要求可以在图纸、技术要求或其他设计文件中找到,如PFMEA、装配文件等。

㉓评价/测量技术:正在使用的测量系统,包括测量零件或过程所需的量具、夹具、工具/测试设备,应对这些测量仪器进行测量系统分析(Measurement Systems Analysis,简称MSA)。

㉔~㉕样本大小和抽样频率:抽样应发生在失控情况发生时、工装切换时、设置切换后、作业者更换、原材料批次更换时。如果需要抽样,列出相应的样本量和频率。抽样的大小和频率可以根据过程的状态进行调整。如果有历史数据证明过程稳定,过程能力充足,那么抽样频率可以降低。如果过程不稳定,能力不足,那么抽样频率应增加。

㉖控制方法:包含如何控制操作的简要描述,包括在适用时参考详细的作业指导

书。典型的控制方法可以包括SPC、检查、防错和抽样计划。如果控制方法太复杂，在控制计划无法阐述清楚的情况下，可以只注明参考的作业指导书名字或编号。控制方法应该得到不断更新。注意：控制计划的数据应是实时的，控制计划中应包括样品数目，样品的频次和用何种控制图，不能将收集的数据存于抽屉中而一个月分析一次。

㉗反应计划：当产品特性或过程特性超出规范/公差，最接近该操作的员工的第一反应动作。本栏应说明为防止生产不合格产品所需的行动。这些行动应该是操作员和/或其直接主管的责任。它们至少应包括如何标记、识别和隔离不合格品，以及对可疑产品、部件或组件的适当处置。此外，反应计划应包括正确记录事件的方式，以及应该将不合格情况告知谁。

一般情况下，可疑产品或不合格品应由反应计划中指定的负责人进行清晰地标识、隔离和处理。典型的反应计划是：

①遏制。
②调查。
③记录(好的和/或异常的事项)。
④调整。
⑤通知班组长。
⑥标识。
⑦隔离。
⑧返工/返修。
⑨报废。
⑩检验。

每一个控制生产过程或零件的特性都需要一个详尽的反应计划。反应计划可以以参考文件的形式出现在控制计划中，但需要详细列在作业指导书中。

第5节　基于不同过程要素的控制计划的编制

控制计划可以根据控制过程的类型而有所不同。通过不同的应用，控制计划可以为过程增加价值。以下是不同应用的几个例子。

基于设备和工装能力的工序

- 设备

以设置为主的过程。其过程变化的主要因素是在生产运行前对设备进行适当的设置。由于此类过程具有很高的能力和稳定性，因此初始条件的设置是影响产品变差的主要来源。很多内饰件是由注塑成型生产出来的。在模具确定后,应对注塑机进行调节以生产出尺寸合格的部件。其表面应没有伤痕、流痕和缩痕等。注塑机的所有参数都是由内置的电脑软件控制而具有高重复性和稳定性。成型参数设定卡上规定了设备上所有工艺参数的规范,按规范调整成型机后即生产出产品。首件产品要进行尺寸和外观的检验。

在这类过程当中,设置是关键的控制措施。对产品特性的能力研究表明如果设置适当,则操作具有很高的过程能力和稳定性。设置成为影响产品特性的过程特性。示例见表4-3。

表4-3　控制计划范例(塑胶成型过程)

零件/过程编号	过程名称/操作描述	设备装置夹具工装	特性			特殊特性	方法					反应计划
			编号	产品	过程		产品/过程规范/公差	评价测量技术	样本		控制方法	
									容量	频率		
5	塑胶成型	成型机##号模具###号	10	外观			无披锋、无模痕	目视	100%	每模	对比样件	标识隔离
			11	安装孔位置		*	最大偏移0.×× mm	检具×××	首模	每班次	检查单	标识隔离
			12	安装孔径		*	20±0.2 mm	检具×××	5 pcs	每小时	X-R图	标识隔离
			13		速度		××	设备仪表	1次	每班次	成型条件记录表	通知工程师调机
			14		压力		××					
			15		行程		××					
			16		时间		××					
			17		料筒温度		××					
			18		模具温度		××					
					⋮							
					⋮							
					⋮							

过程特性的控制措施包括首件检验规程,应对产品特性进行测量以保证设置正确,并且没有产生异常的特殊原因。

基于设备参数的工序

基于设备参数的工序如下:

①设备参数(过程特性)的调整在本类型的过程中,对零件或产品特性(过程输出)

起主要影响。

②需要对这些过程特性进行控制和监测，以确保产品特性符合客户的图纸和技术要求。最佳的控制方法是对过程参数实施实时自动监控。

③对产品特性使用防错法或自动化检测进行监控。

例如：PBCA组装过程（将电子元件组装并焊接在线路板上），焊点质量（无空焊、假焊、虚焊等）为主要的产品特性。对于波峰焊机而言，波峰高度和焊料浓度是两个主要的过程特性。

自动进料器可以通过感应波峰高度并在高度降低时供给额外的焊料来控制。焊料必须抽样并测试其浓度。特殊产品特性要进行100％的通电测量。示例见表4-4。

表4-4　控制计划范例（波峰焊过程）

<table>
<tr><th rowspan="3">零件/过程编号</th><th rowspan="3">过程名称/操作描述</th><th rowspan="3">设备装置夹具工装</th><th colspan="3">特性</th><th rowspan="3">特殊特性</th><th colspan="5">方法</th><th rowspan="3">反应计划</th></tr>
<tr><th rowspan="2">编号</th><th rowspan="2">产品</th><th rowspan="2">过程</th><th rowspan="2">产品/过程规范/公差</th><th rowspan="2">评价测量技术</th><th colspan="2">样本</th><th rowspan="2">控制方法</th></tr>
<tr><th>容量</th><th>频率</th></tr>
<tr><td rowspan="10">2</td><td rowspan="10">焊接</td><td rowspan="10">波峰焊机##号</td><td>10</td><td>外观</td><td></td><td>*</td><td>无少锡、多锡、裂锡、锡尖、假焊、连锡、漏焊</td><td>AOI</td><td>100％</td><td>每批</td><td>—</td><td>隔离</td></tr>
<tr><td>11</td><td></td><td>预热温度</td><td></td><td>100-160 ℃</td><td rowspan="2">温度测试仪</td><td rowspan="6">1次</td><td rowspan="6">每4小时</td><td rowspan="6">IPQC巡检记录表</td><td rowspan="6">通知工程师调机</td></tr>
<tr><td>12</td><td></td><td>锡炉温度</td><td></td><td>235±10 ℃</td></tr>
<tr><td>13</td><td></td><td>链速</td><td></td><td>1.1-1.6 m/s</td><td>速度显示表</td></tr>
<tr><td>14</td><td></td><td>浸锡时间</td><td></td><td>不超过5秒</td><td>时间显示表</td></tr>
<tr><td>15</td><td></td><td>锡渣清除间隔时间</td><td></td><td>4小时</td><td>清除记录表</td></tr>
<tr><td>16</td><td></td><td>锡液保持量</td><td></td><td>9分满</td><td>目视</td></tr>
<tr><td></td><td></td><td>⋮</td><td></td><td></td><td></td><td></td><td></td><td></td><td></td></tr>
<tr><td></td><td></td><td>⋮</td><td></td><td></td><td></td><td></td><td></td><td></td><td></td></tr>
<tr><td></td><td></td><td>⋮</td><td></td><td></td><td></td><td></td><td></td><td></td><td></td></tr>
</table>

基于刀具/夹具的工序

夹具/刀具-夹具/刀具的变差是产品变差的主要来源。

例如:金属铸件装载在一台带有数个刀具的 7 级加工中心上,该铸件由加工中心带动在切割头下旋转。每个零件都有一个加工平面,其垂直度和深度是很关键的。切割的深度和垂直度是产品关键特性。除切割刀具外,除屑和刀具的正确调节也很大程度上影响产品特殊特性。示例见表 4-5。

①过程特性包括刀具或刀盘之间的变差,刀具或刀盘之间的尺寸差异及零件的定位都能导致产品的变差。此外,刀具上累积的金属屑会导致刀具－刀具之间的零件位置的变异;

②对刀具/刀盘等过程特性的控制类型由装载程序、刀具/刀盘的调整和维护(即清扫)来进行。

③在以刀具/刀盘为主的过程中,通常很难测量产品特性,因此对于产品特殊特性而言,需要经常进行统计产品取样。

表 4-5　控制计划范例(机加工过程)

零件/过程编号	过程名称/操作描述	设备装置夹具工装	特性			特殊特性	方法					反应计划
			编号	产品	过程		产品/过程规范/公差	评价测量技术	样本		控制方法	
									容量	频率		
6	加工平面—A	加工中心##号 刀具—1 刀具—2	10	深度		*	2±0.01 mm	深度仪	1 pc	每 2 小时	X-R 图	隔离
			11	垂直度		*	90±1°	量具	1 pc	每 2 小时	X-R 图	隔离
			12		进刀量		××	仪表显示	100%	每批	参数记录表	调整
			13		转速		××××	仪表显示	100%	每批		调整
			14		金属屑		不可见	目测	1 次	每 1 件		气枪吹
					⋮							

基于工装(模具)的工序

工装的寿命与设计特性是影响过程输出的变量

例如:钣金冲压模具用来生产具有多角度和冲孔的产品。冲孔的直径不能有明显的变化,被识别和确定为特殊特性。部件的角度是关键的,其中两个角度确定为特殊特性。过去这类工装的问题是冲孔的冲头破损,更严重的是在冲制产品(托架)的角度时,工装上的移动零件会发生变化。示例见表 4-6。

此类过程，工装是重要的过程特性来源

工装零件可能会出现断裂或其移动的部件间歇性/永久性不能移动；工装还可能过度磨损或不正确地修理。这些工装的问题会影响产品特性。

以工装为主的过程其控制主要体现在产品上。首件检验可以验证工装是否已被正确修理。在操作过程中工装的失效可能不易被发现，因此要对批次产品进行适当的控制。如果某批次产品中出现不合格品，需要对该批次进行遏制或全检。最理想的控制方法是应用防错技术对产品的尺寸或外观进行检查。

产品特性是衡量工装寿命正常与否的一个重要的度量。

表4-6　控制计划范例(钣金冲压过程)

零件/过程编号	过程名称/操作描述	设备装置夹具工装	特性			特殊特性	方法					反应计划
			编号	产品	过程		产品/过程规范/公差	评价测量技术	样本		控制方法	
									容量	频率		
6	冲压金属架	冲压机##号模具-1模具-2	10	孔径		*	2±0.01 mm	深度仪	1pc	每2小时	X-R图	隔离
			11	折弯角度		*	90±1°	量具	1pc	每2小时	X-R图	隔离
			12		冲击力		××	仪表显示	100%	每批	参数记录表	调整
			13		行程		××××	仪表显示	100%	每批		调整
			14		模具寿命		50万次	自动计数	1次	每批	计数器	停机
					⋮							

基于人员技能的工序

以操作员技能主导的过程，过程中的变化是操作员的知识或培训以及适当控制措施(治工具)的结果。

例如：前大灯的校准是乘用车和商业车总装的最后工序之一。操作人员将含有两个气泡水准仪(Bubble levels)的校准装置连接到前大灯上，通过旋转校准螺钉来调节前大灯直到气泡中心处于水平。

美国联邦机动车安全法规(Federal Motor Vehicle Safety Standard，简称FMVSS)要求正确的前照灯校准，因此它属于产品特殊特性。过程特殊特性是操作者的技能和控制以确保两个气泡在校准时居中。产品特殊特性的测量，通过将前大灯照在测量光型的校准仪上来进行。示例见表4-7。

表 4-7　控制计划范例(前大灯校准过程)

零件/过程编号	过程名称/操作描述	设备装置夹具工装	特性			特殊特性	方法					反应计划
			编号	产品	过程		产品/过程规范/公差	评价测量技术	样本		控制方法	
									容量	频率		
6	前大灯校准	对光水准仪##号	10	光柱位置		*	灯光检测规程××-××		100%	每批	检查单	隔离
			11		气泡位置			气泡位置居中	100%	每批	P图	调整
			12		员工资质			资质考核	1	每半年	考核记录	再培训
					⋮							

基于来料(零件、材料)的工序

供应商提供的材料/零件的特性是影响过程输出的变量。例如:汽车引擎盖由复合材料 SMC(Sheet molding compound)制成。SMC 为模塑化合物,它对温度敏感,有一个特定的贮存期限。混合是关键,如果材料未能正确地混合、处理或循环,那么生产出来的部件可能变得很脆。支架尾端的受力规范为特殊产品特性。过程特殊特性为配料比、贮存期限和投料日期。客户要求每批化合物都要有实验室报告,而且每批材料都有日期,保证正确的循环。示例见表 4-8。

表 4-8　控制计划范例(热压过程)

零件/过程编号	过程名称/操作描述	设备装置夹具工装	特性			特殊特性	方法					反应计划
			编号	产品	过程		产品/过程规范/公差	评价测量技术	样本		控制方法	
									容量	频率		
1	收料		10		材料成分含量	*	IQC 检验规范		100 g	每批	实验室报告	隔离退货
2	混合	搅拌机#号	11		混合比		3∶1∶2	实验设备#12	100 g	每批	实验室报告	调整
3	存储	胶桶	12		存储时间		2 小时	储存记录	1 次	每批	存储记录	报废
			13		温度		20—25 ℃	温度感应器	100%	每批	自动报警	报废
4	热压	热压机#号模具#号	14	支架受力			最小 10 N 垂直向力	悬臂梁式冲击试验	5 pcs	每 2 小时	可靠性测试报告	隔离

材料或部件为本过程的特性。材料或部件中发现的变化将影响过程的输出。

过程特性的控制包括各种测试和控制所用材料或部件规范的方法(即:控制图、试验室报告、防错)。

基于设备预防性维护的工序

设备的状态是影响过程输出的主要变量。例如:装饰件的喷漆操作需要洁净的设备和无尘的工作场所。油漆外观为产品特殊特性。喷漆装置和喷漆室应定期清洁以防止在喷漆过程中进入灰尘。因此过程特性就是定期的清洁、整理和更换。示例见表 4-9。

表 4-9　控制计划范例(喷漆过程)

零件/过程编号	过程名称/操作描述	设备装置夹具工装	特性			特殊特性	方法					反应计划
			编号	产品	过程		产品/过程规范/公差	评价测量技术	样本		控制方法	
									容量	频率		
5	喷面漆	搅拌机 过滤网 4#量杯 喷枪 空压机 排风机 水帘式喷台	10	外观		*	光泽均匀、无流漆/露底/划伤/异物	目测	100%	每批	外观检查报告	隔离退货
			11	附着力			1 mm×1 mm百格试验无脱落	划格器	1 次	每批	检查报告	报废
			12	膜厚			40 um	测厚仪	1 次	每批	检验记录	报废
			13		油漆型号		××××	核对	1 次	每批	投料记录	报废
			14		黏度		低于 25 秒	4#号量杯	1 次	每批	投料记录	调整
			15		温度		80 ℃	温度感应器	100%	每批	自动报警	报废
			16		时间		60 分钟	计时器	1 次	每批		调整
			17		气压		4－5 kg	压力表	1 次	每批		调整
			18		无尘等级	*	万级	定期监测	1 次	每周		调整

定期维护为过程特性。当发现有输入变量时,更换已磨损的设备部件、清洁、校准、调节工具和其他的维护工作对产品特性都具有影响,应受到控制。

这些过程特性的控制方法包括拟定定期的维护程序和设立监测警告装置。在每次维护后检查产品特性以验证过程是否正常进行。

基于作业环境的工序

气候变量,诸如温度、湿度、噪声、振动、静电等对过程输出具有主要影响。例如:静电是一种客观的自然现象,产生的方式多种,如接触、摩擦、剥离等。为了有效地防止静电放电(Electrostatic Discharge,简称 ESD),操作员必须以正确的方式使用正确的设备。控制计划中可以把 ESD 看作一个过程控制问题。示例见表 4-10。

表 4-10　控制计划范例(防静电过程)

零件/过程编号	过程名称/操作描述	设备装置夹具工装	特性			特殊特性	方法					反应计划
			编号	产品	过程		产品/过程规范/公差	评价测量技术	样本		控制方法	
									容量	频率		
5	防静电	静电闸门表面电阻测试仪静电电压测试仪万用表温度计光照度测试仪静电防护服静电鞋	10		静电鞋、静电环穿戴状态下对地电阻	*	静电环 $7.5\times10^{5}\sim3.5\times10^{7}$ Ω 静电鞋测试标准值: $5\times10^{4}\sim1.0\times10^{10}$ Ω	静电闸门	100%	每批	点检表	更换
			11		静电闸门检出能力		OK/NG 样品检出	样品检测	1 次	每天	检查报告	维修
			12		静电皮电阻		表面电阻: $10^{5}\sim10^{9}$ Ω	表面电阻测试仪	1 次	每 3 月	检验记录	报废
			13		静电电压		0±200 V	静电电压测试仪	1 次	每年	点检记录	停产
			14		静电服电压		0±100 V		1 次	每年	点检记录	停产
			15		接地线导通		导通、阻值测试	万用表	1 次	每 3 月	点检记录	停产
			16		温湿度		18~28 ℃/30%~60%	温湿度计	1 次	每班次	点检记录	调整
			17		粘尘垫更换周期		每天更换	目测	1 次	每天		更换
			18		光照度	*	800 lux 以上	光照度测试仪	1 次	每月		调整

控制 ESD 的主要困难是它是不可见的，但又能达到损坏电子元器件的地步。常见的元器件，可被只有 100—250 伏的 ESD 电势差所破坏，而且越来越多的敏感元器件更容易被破坏，如 CPU，只需要 5 伏即可损坏。

操作员在工作台面上的自然移动所形成的摩擦可产生 ESO 400—6 000 伏。如果员工拆开 PCB 的包装物，员工身体表面积累的静电荷可达到 26 000 伏。作为主要的 ESD 危害来源，所有进入静电保护区域（Electrostatic Protected Area，简称 EPA）的人员必须接地，以防止任何电荷累积；且所有表面必须接地，以维持所有物品都在相同的电势。

控制计划是一个非常有效的工具，可以减少一个过程产生的不合格品数量。它对提高质量非常有用，有助于在不合格产品离开操作单元之前将其控制住。控制计划与其他任何工具一样，为了体现它的最大价值，跨功能小组必须知道如何正确使用它。

第 6 节 什么是有效的控制计划

• 清晰的产品规格

产品规格被明确定义，并与客户要求相联系。

• PFMEA

对所有的过程步骤都进行了 PFMEA，团队充分了解与每个步骤相关的质量风险。

• 有效的测量方法和反应计划

过程特性和产品特性的测量方法必须明确定义并可重复。

• 内部审核

内部审核对于维护控制计划的内容正确性至关重要。有效的内部审核计划包括以下三个关键因素：

①一份关于控制计划的操作指导书，说明控制计划的责任，如维护和实施控制计划。过程工程师通常会发布和维护控制计划。

②一个内部审核日程安排，描述哪些生产过程将在全年的特定时间被审核。

③管理层必须对审核结果进行评审，并对问题加以解决。这项活动极为重要，将加强控制计划的实施纪律。

附录 A　关于 PFMEA 的一些常见问题

(1)PFMEA 是针对通用的过程层面进行分析的,并不针对具体的零件或产品

PFMEA 必须针对特定的零件或产品进行,所有的缺陷预防工具也应如此。

风险行动措施优先等级 AP 取决于以下三个方面:

①产品特性的绩效不符合要求的后果(严重性);

②失效起因发生的可能性(频度);

③发生不符合要求时检测的能力(探测度)。

因此,如果 PFMEA 不考虑零件的具体特征,就不能计算出风险临界点。

(2)由于没有 DFMEA,导致 PFMEA 无法完成

人们通常认为,PFMEA 小组应该有一份 DFMEA 的输入,以使他们能够对每个确定的失效模式的严重程度进行评分。

在实践中情况并非如此。在有 DFMEA 的地方,项目小组不一定会像 PFMEA 所要求的那样,以同样的详细程度来讨论产品的每个特性。如果需要,产品设计人员可以解释本该由 DFMEA 回答的问题。

因此,即使没有 DFMEA,产品设计人员也能在 PFMEA 中描述所有失效模式的影响和严重度。

(3)PFMEA 仅由制造工程部(或工艺部门)进行

PFMEA 是从组织中收集的知识,因此,为了准确地掌握这些知识,组织需要包括所有能够影响设计和制造过程的职能部门,特别是设计、制造、维护、质量和供应商(如果相关)参与进来。

(4)PFMEA 只包括关键特性或关键工艺步骤

PFMEA 的目的是识别制造/装配过程中特定产品的关键风险。

这些风险将决定什么是成功的要素,因此是关键。如果我们只从其他类似的产品中选择我们认为是关键的东西来预判这个结果,我们可能会错过一些重要的东西。

因此,为了使 PFMEA 有效,必须考虑所有的过程步骤和产品特性。

(5)PFMEA 可以针对零件族进行分析,即针对多个料号同时进行分析

对于什么是零件族,人们往往有误解。对于 PFMEA 来说,零件之间必须有高度的共性,即 80%以上的特征是相同的(用途、规格、制造过程、检查过程等)。

然后,PFMEA可以对80%的相同特征进行解读,而那些独有的特征则需要PFMEA进行额外的补充。在现实中,PFMEA小组很少这样做,通常只有某个料号由于设计问题或性能差异可能有变化时,才会对PFMEA进行额外的补充。

(6)PFMEA为每个失效模式确定了太多的潜在失效起因

通常情况下,PFMEA小组会想出很多的潜在原因,使用特性要因分析等工具,尽可能集思广益。

如果没有简化这些潜在失效起因,那么PFMEA的篇幅就会过大,其价值有限。通常,许多头脑风暴的想法实际上是一个主题的不同描述,例如,零件没有被固定在夹具上,可以描述为“零件在夹具上的夹紧不正确”“操作员的固定方式导致零件没有被固定”“缺乏夹具维护导致零件在加工中偏移”“夹具损坏”。

PFMEH小组必须注意有效地使这些起因的描述合理化,以便能够清楚地看到问题,并通过预防措施或探测措施进行控制。

(7)预防措施并不是真正的预防措施

预防措施应该是能够预先阻止已确定的潜在起因发生的控制措施。通常PFMEA小组列出的预防措施包括诸如“作业指导书”“操作员培训”“使用正确的夹具”或类似的东西。这些措施不会阻止原因的发生,即使这些措施是必要的东西,也要落实到位。

预防措施应该是能够实际防止原因发生的措施,例如,夹具的设计是防错的,因此可以防止零件被安装在错误的方向上,或CNC视觉系统能在加工操作开始前检查刀具是否损坏。

(8)改进行动不是根据风险严重程度来驱动的

无论PFMEA做得多好,它都没有价值,除非它能推动改进行动以消除或减少过程中不可接受的风险。

特别是对于高危风险,管理部门不能允许开发的过程不能通过防错来减轻风险。

很多时候,我们把PFMEA简单地看作是记录“我们今天做什么”的一种方式,而不是“我们需要做什么”。

如果PFMEA不能确定过程的变更,那么它就没有完成它的工作。

(9)PFMEA是在制造/装配过程被定义后完成的

PFMEA的目的是帮助识别和开发有能力的制造和装配方法。一个好的PFMEA的结果应该是一些过程的变更(包括测量过程)。

如果PFMEA只是在这些方法被同意后才进行,那么PFMEA的价值将是有限的。

附录 B　DFMEA 实施评估清单

问题(Question)	评分标准(Criteria)	评分等级(Score)	得分(Rating)
(1)DFMEA 是否由跨职能团队实施,包括设计、制造工程、服务、质量和供应商(如适用)? 这些成员是否接受过 DFMEA 的培训	NA	0	
	仅质量部门参与实施	1	
	项目小组部分成员参与实施	2	
	设计部门主导实施	3	
	跨职能部门且接受过培训	4	
(2)DFMEA 是否针对特定料号	NA	0	
	针对产品的通用描述	1	
	针对类似的零件族	2	
	针对与项目类似的零件族	3	
	针对项目中的特定零件	4	
(3)DFMEA 是否在开发项目中的正确时间开始	项目完成后实施	0	
	模具等工装完成后实施	1	
	模具开发前实施	2	
	产品设计冻结前实施	3	
	与技术方案同步启动并适时更新	4	
(4)DFMEA 的范围是所有的产品功能和要求(法规要求、客户要求和组织要求等)吗	NA	0	
	仅针对部分产品功能和部分要求	1	
	针对产品的新特性和部分要求	2	
	针对所有产品特性和部分要求	3	
	针对所有产品特性和所有要求	4	
(5)DFMEA 实施前是否有详细的辅助文件,如方块图、产品结构树分析、P 图等	没有任何辅助文件	0	
	仅有产品图	1	
	产品图和原理图	2	
	产品结构树	3	
	完整的产品结构树及部分 P 图	4	

续表

问题(Question)	评分标准(Criteria)	评分等级(Score)	得分(Rating)
(6)失效模式(FM)是否描述了在车辆使用过程中如何不能满足设计意图?即产品特性	NA	0	
	FM 描述的是原材料的异常	1	
	FM 描述的是生产不合格	2	
	FM 描述部分产品特性及要求	3	
	FM 描述所有产品特性及要求	4	
(7)每个失效模式是否考虑对本公司产品、客户的产品和整车的影响	NA	0	
	失效影响仅考虑对零件级的影响	1	
	失效影响考虑对公司完成品的影响	2	
	失效影响考虑对客户产品的影响	3	
	失效影响考虑了对整车和乘坐影响	4	
(8)是否为每个失效模式确定了多个失效起因?描述了规格定义、选材、工况等如何导致失效模式的发生	NA	0	
	失效起因关注原材料和员工技能	1	
	失效起因关注工艺参数异常	2	
	失效起因关注选材/器件选择	3	
	失效起因关注规格定义方法及工况	4	
(9)是否已确定预防措施(PC),以消除/减少潜在原因发生的可能性?它们的有效性如何	无	0	
	PC 是来料检验、员工培训	1	
	PC 是作业指导书	2	
	PC 是 DFMA、设计规范等	3	
	PC 是防错设计	4	
(10)是否确定了探测措施,以探测失效模式和/或失效起因的存在?其有效性如何	仅有设计评审	0	
	DV&PV 试验基于行业标准	1	
	DV&PV 试验基于企业标准	2	
	DV&PV 试验基于客户标准	3	
	DV&PV 试验基于主机厂路试结果	4	

续表

问题(Question)	评分标准(Criteria)	评分等级(Score)	得分(Rating)
(11)是否根据以下优先次序确定改进行动 (ⅰ)严重度 S=10、9 或 8 分或 (ⅱ)AP 为 H	无任何改进措施	0	
	改进措施主要关注探测度	1	
	改进措施主要关注发生度	2	
	改进措施主要关注 AP 为 H 的项目	3	
	改进措施主要关注严重度 S=10～8 分	4	
(12)预防措施(PC)的改进是否优先考虑优化设计方法	NA	0	
	PC 的改进仅限于员工培训	1	
	PC 的改进仅限工艺变更	2	
	PC 的改进为产品变更	3	
	PC 的改进优化设计方法	4	
(13)探测措施(DC)的改进是否优先考虑提升 DV 和 PV 试验的检测能力	NA	0	
	DC 的改进仅限于增加样本数	1	
	DC 的改进仅限于变更测试程序	2	
	DC 的改进为优化测试参数	3	
	DC 的改进为使用更具检测能力的仪器	4	
(14)DFMEA 识别的失效模式(FM)和失效起因(FC)是否关联到 DVP&R 计划	NA	0	
	基于通用产品的 DVP&R	1	
	基于类似产品的 DVP&R	2	
	基于公司项目要求的 DVP&R	3	
	基于客户项目要求的 DVP&R	4	
(15)DFMEA 完成后,是否总结新的最佳实践和经验教训	无	0	
	有新最佳实践和经验教训的个案	1	
	以上个案在项目小组内分享	2	
	以上个案在公司内分享	3	
	以上个案更新至模板 DFMEA 中	4	

DFMEA 实施成熟度等级：

D 级，得分≤20 分，说明 DFMEA 的实施基本无效，DFMEA 的文档仅是应付外部机构的需求。DFMEA 项目小组对该工具基本上没有认知。

C 级，20＜得分≤30 分，说明 DFMEA 的实施成效微弱，对产品风险管理能起到微弱的作用。DFMEA 项目小组对该工具有一些肤浅的理解。

B 级，30＜得分≤36 分，说明 DFMEA 的实施成效尚可，对产品风险管理能起到一定的作用。DFMEA 项目小组对该工具的理解还需要提升。

A 级，36＜得分≤45 分，说明 DFMEA 的实施优秀，对产品风险管理能起到相当重要的作用。DFMEA 项目小组基本上对该工具的理解到位。

以上的 DFMEA 实施评估标准供读者参考。读者可以根据企业的产品和其在整车中的功能作用，对本评估标准进行修订内化，据以评估和理解企业 DFMEA 实施的成熟度。

附录 C　PFMEA 实施评估清单

问题(Question)	评分标准(Criteria)	评分等级(Score)	得分(Rating)
(1)PFMEA 是否由跨职能团队实施,包括制造工程、设计、服务、质量和供应商(如适用)?这些成员是否接受过 PFMEA 的培训	不指定特定的人员实施	0	
	仅质量部门参与实施	1	
	生产和质量部门参与实施	2	
	工程部门也参与实施	3	
	跨职能部门且接受过培训	4	
(2)PFMEA 是否针对特定料号	NA	0	
	针对工序的通用描述(如冲压)	1	
	针对类似的零件族	2	
	针对与项目类似的零件族	3	
	针对项目中的特定零件	4	
(3)PFMEA 是否在开发项目中的正确时间开始	项目完成后实施	0	
	模具等工装完成后实施	1	
	模具开发前实施	2	
	产品设计冻结后实施	3	
	初始流程图完成后启动并适时更新	4	
(4)PFMEA 的范围是所有的工序和设计要求(功能和规格要求)吗	NA	0	
	仅针对部分工序和部分设计要求	1	
	针对新工序和部分设计要求	2	
	针对所有工序和部分设计要求	3	
	针对所有工序和所有设计要求	4	
(5)PFMEA 实施前是否有详细的辅助文件,如过程结构树分析、P 图等	没有任何辅助文件	0	
	仅有过程流程图	1	
	产品特性和过程特性矩阵图	2	
	新过程和关键过程的结构树	3	
	完整的过程结构树及部分过程 P 图	4	

续表

问题(Question)	评分标准(Criteria)	评分等级(Score)	得分(Rating)
(6)失效模式是否描述了在制造/装配过程中如何不能满足设计意图？即产品特性	NA	0	
	失效模式描述的是过程参数的异常	1	
	失效模式包括过程参数和产品特性	2	
	失效模式描述部分产品特性及要求	3	
	失效模式描述所有产品特性及要求	4	
(7)每个失效模式是否考虑对本公司产品、客户的产品和整车的影响	NA	0	
	失效影响仅考虑对后工序的影响	1	
	失效影响考虑对公司完成品的影响	2	
	失效影响考虑对客户产品的影响	3	
	失效影响考虑了对整车和乘坐影响	4	
(8)是否为每个失效模式确定了多个失效起因？且描述了制造/装配过程 4M 要素如何导致失效模式的发生	NA	0	
	失效起因仅关注员工技能	1	
	失效起因仅关注员工技能和材料	2	
	失效起因包括所有的 4M 要素	3	
	失效起因重点关注装备的技术能力	4	
(9)是否已确定预防措施，以消除/减少潜在原因发生的可能性？它们的有效性如何	无	0	
	预测措施是员工培训	1	
	预防措施是作业指导书	2	
	预防措施是设备工装保障	3	
	预防措施是防错装置	4	
(10)是否确定了探测措施，以探测失效模式和/或失效起因的存在？其有效性如何	无	0	
	仪器检测能力是本行业的平均水准	1	
	仪器检测能力处于行业领导地位	2	
	探测措施是在线自动检测过程参数	3	
	探测措施是在线自动检测产品特性	4	
(11)是否根据以下优先次序确定改进行动 (ⅰ)严重度 S=10、9 或 8 分或 (ⅱ)AP 为 H	无任何改进措施	0	
	改进措施主要关注探测度	1	
	改进措施主要关注发生度	2	
	改进措施主要关注 AP 为 H 的项目	3	
	改进措施主要关注严重度 S=10～8 分	4	

续表

问题(Question)	评分标准(Criteria)	评分等级(Score)	得分(Rating)
(12)预防措施(PC)的改进是否优先考虑提升工艺装备的技术能力	NA	0	
	PC 的改进仅限于员工培训	1	
	PC 的改进仅限于作业指导书	2	
	PC 的改进为工艺变更	3	
	PC 的改进为提升装备技术能力	4	
(13)探测措施(DC)的改进是否优先考虑提升检测装备的技术能力	NA	0	
	DC 的改进仅限于增加样本数	1	
	DC 的改进仅限于变更测试程序	2	
	DC 的改进为优化测试参数	3	
	DC 的改进为使用更高精度仪器	4	
(14)PFMEA 识别的失效模式和失效起因(4M 要素)是否关联到控制计划	NA	0	
	4M 要素基本没有关联到控制计划	1	
	约半数的 4M 要素关联到控制计划	2	
	大部分 4M 要素关联到控制计划	3	
	失效模式和 4M 要素基本关联到控制计划	4	
(15)PFMEA 完成后,是否总结新的最佳实践和经验教训	无	0	
	有新最佳实践和经验教训的个案	1	
	以上个案在项目小组内分享	2	
	以上个案在公司内分享	3	
	以上个案更新至模板 PFMEA 中	4	

PFMEA 实施成熟度等级:

D 级,得分≤20 分,说明 PFMEA 的实施基本无效,PFMEA 的文档仅是应付外部机构的需求。PFMEA 项目小组对该工具基本上没有认知。

C 级,20<得分≤30 分,说明 PFMEA 的实施成效微弱,对工艺风险管理能起到微弱的作用。PFMEA 项目小组对该工具有一些肤浅的理解。

B 级,30<得分≤36 分,说明 PFMEA 的实施成效尚可,对工艺风险管理能起到一定的作用。PFMEA 项目小组对该工具的理解还需要提升。

A 级,36<得分≤45 分,说明 PFMEA 的实施优秀,对工艺风险管理能起到相当重要的作用。PFMEA 项目小组基本上对该工具的理解到位。

以上的 PFMEA 实施评估标准供读者参考。读者可以根据企业的产品和其在整车中的功能作用以及工艺特点,对本评估标准进行修订内化,据以评估和理解企业 PFMEA 实施的成熟度。

附录 D　如何审核 FMEA

对 FMEA 进行审核是确保 FMEA 质量的一个重要方法。FMEA 审核是对已完成(或接近完成)的 FMEA 实施现场审核,审核时有 FMEA 推进者和 FMEA 核心成员参与。审核可以根据预先安排好的计划进行。由对 FMEA 内容和质量有技能和经验的人担任审核员,审核员可以来自管理层或是 FMEA 专家。

十个 FMEA 目标中的每一个都有一个相应的如何审核建议。简而言之,FMEA 主题专家或管理人员根据如何审核的建议,与 FMEA 项目小组一起对照每个 FMEA 目标,逐一评审 FMEA 结果。每个目标的实现程度都要进行评估。审核的结果为改进未来的 FMEA 提供有价值的反馈,重点是改进 FMEA 过程,而不是实施 FMEA 的人或团队。审核员寻找与过程有关的具体问题,这些问题是导致 FMEA 目标无法实现的基础,如缺乏培训、程序、引导技能、标准、资源、支持等。FMEA 推进者及其核心成员应记录 FMEA 审核中的改进项目,并努力改善整个 FMEA 过程。

实施 FMEA 的十项目标:

(1)设计改进:FMEA 实施的首要目标是推动产品设计或工艺改进

如何审核:查看建议改进措施,并评估它们中的大多数是否推动了设计改进(设计 FMEA)或过程改进(过程 FMEA);与 FMEA 团队讨论,确保重点放在设计或过程的改进上。

(2)高风险的失效模式:FMEA 通过有效的和可执行的行动计划来应对所有高风险的失效模式

如何审核:评审严重度评分比较高(8~10 分)和 AP 评级为 H 的失效链,看相应的建议改进措施是否足以将风险降低到可接受的水平;与 FMEA 团队讨论,确保对所有的高风险都有应对措施,没有重要的问题被遗漏。做到这一点的一个方法是向责任工程师或主管询问他们对项目的两个或三个最大的关注点,然后验证这些关注点在 FMEA 的正文中得到了充分的应对。

(3)设计验证计划和报告(DVP&R)或控制计划(CP):DVP&R 和 CP 考虑了来自 FMEA 的失效模式

如何审核:评审建议改进措施,评估是否根据与当前探测措施相关的风险,对设计验证计划和报告(DVP&R)或程序,或控制计划进行了改进;与 FMEA 团队交谈,确定他们是否有足够的测试工程师,以及 FMEA 是否从测试经验中受益,并了解如果目前的探测措施不充分,是否改进了测试方案。

(4)接口:FMEA 的范围应包括方框图和分析中的集成和接口的失效模式

如何审核:评审 FMEA 的项目、功能/要求、失效模式和其他部分,以确保接口和集成问题在 FMEA 的范围内得到处理和解决,看一下 FMEA 框图来验证;与 FMEA 团队交谈,询问他们如何确保没有遗漏接口问题。

(5)经验教训:FMEA 应考虑所有主要的经验教训(如质保问题、投诉等)作为失效模式识别的输入

如何审核:评审失效模式和失效起因,确保它们包含补充的现场失效数据。最好是有一个直观的方法来查看哪些失效模式是来自于现场信息,以及如何解决这些问题;与 FMEA 团队交谈,确保 FMEA 受益于现场的经验教训,并且现场的高风险问题不会重复出现。

(6)详细程度:FMEA 提供了正确的细节水平,以便找到根本原因和采取有效的行动

如何审核:核实较高风险问题的详细程度是否足以充分理解根本原因并制定有效的纠正措施。评审 FMEA 的不同栏目,看整体的详细程度是否适当和充分。太多的细节会导致 FMEA 篇幅太长;太少的细节则表现为对功能/要求、失效模式、失效影响、失效起因或控制措施的定义不足,或为一个或多个 FMEA 成员未解决的关注领域。与 FMEA 小组交谈,确定他们对细节处理的程度,并确保所有关注的问题都包括在 FMEA 项目的范围内。

(7)时机:FMEA 是在“机会之窗”中完成的,它能最有效地影响产品或工艺设计

如何审核:根据产品开发过程的时间节点,评审 FMEA 项目的时间表。验证 FMEA 是否在适当的时间范围内开始、更新和完成,以确保最大价值。

(8)团队:正确的人在程序中得到充分的培训,并在整个分析过程中出席 FMEA 活动

如何审核:评审 FMEA 小组成员名册,以确保根据 FMEA 的类型和项目的范围,有足够的来自不同职能的代表。检查 FMEA 小组的会议记录,确保每次会议都有足够的出席率;与个别小组成员交谈,看他们的意见是否在决策中得到体现。

(9)文件化:FMEA 文件完全是照本宣科填写的,包括采取的行动和最终的风险评估

如何审核:阅读一下 FMEA 文本,看看各栏填写是否正确,以及是否遵循了 FMEA 的最佳实践范例。与 FMEA 团队交谈,以确保他们严格遵循 FMEA 准则和实践。

(10)时间的利用:FMEA 小组的时间管理是有效和高效的,并取得了增值的结果

如何审核:与 FMEA 团队交谈,看看每个成员是否认为他的时间管理良好,并取得了增值的结果。如果出现任何问题,找出原因。

附录 E 控制计划评估清单

项　　目	评估内容	问题点
(1)关键工艺参数	如何监控它们	
	多久确认一次	
	有最优的目标值和规格吗	
	目标值的变异有多大	
	关键工艺参数变异原因是什么	
	关键工艺参数多久失控一次	
	哪些关键工艺参数需要控制图	
(2)不可控制的工艺参数(噪声)	是哪些	
	控制起来不可能或不实际吗	
	如果它们变化如何来补偿变化	
	系统对噪声的稳健性如何	
(3)作业标准书	有作业指导书吗	
	简单、容易理解吗	
	员工有遵守吗	
	是最新版吗	
	有培训员工吗	
	有审核计划安排吗	
(4)保养程序	是否有识别关键备品	
	保养计划是否指定人员、时间及保养事项	
	有故障排除方法吗	
	需要为保养人员提供哪些培训	